折射集
prisma

照亮存在之遮蔽

Living
Untethered

Beyond the Human Predicament

［美］迈克·A. 辛格 著　易灵运 译

Michael A. Singer

活出不羁人生

南京大学出版社

LIVING UNTETHERED: BEYOND THE HUMAN PREDICAMENT by MICHAEL A. SINGER

Copyright: © 2022 BY MICHAEL A. SINGER
This edition arranged with NEW HARBINGER PUBLICATIONS
through BIG APPLE AGENCY, LABUAN, MALAYSIA.
Simplified Chinese edition copyright:
2024 NANJING UNIVERSITY PRESS
All rights reserved.

江苏省版权局著作权合同登记　图字：10-2022-318号

图书在版编目(CIP)数据

活出不羁人生／（美）迈克·A.辛格著；易灵运译
. -- 南京：南京大学出版社，2024.1
书名原文：Living Untethered: Beyond the Human Predicament
ISBN 978-7-305-27256-1

Ⅰ.①活… Ⅱ.①迈… ②易… Ⅲ.①人生哲学－通俗读物 Ⅳ.①B821-49

中国国家版本馆CIP数据核字(2023)第168426号

出版发行　南京大学出版社
社　　址　南京市汉口路22号　　邮　编　210093
书　　名　活出不羁人生
　　　　　HUOCHU BUJI RENSHENG
著　　者　[美]迈克·A.辛格
译　　者　易灵运
责任编辑　张　静
照　　排　南京南琳图文制作有限公司
印　　刷　南京新世纪联盟印务有限公司
开　　本　850 mm×1168 mm　1/32　印张 7.5　字数 180 千
版　　次　2024年1月第1版　2024年1月第1次印刷
ISBN 978-7-305-27256-1
定　　价　59.00元

网址：http://www.njupco.com
官方微博：http://weibo.com/njupco
官方微信号：njupress
销售咨询热线：(025) 83594756

＊版权所有，侵权必究
＊凡购买南大版图书，如有印装质量问题，请与所购
　图书销售部门联系调换

献给大师们

目　录

001	**第一部分　意识的觉知**
003	第1章　自我觉知
007	第2章　意识接收者
011	第3章　活在内在世界
014	第4章　三环马戏团
018	第5章　探索事物的本质
021	**第二部分　外部世界**
023	第6章　身处的时刻
027	第7章　你所在的世界

030	第 8 章	物之起源
035	第 9 章	造物之力
037	第 10 章	世界与个人好恶无关

045	**第三部分**	**思想**
047	第 11 章	空
053	第 12 章	个人思想的产生
058	第 13 章	伊甸园的堕落
065	第 14 章	心灵的面纱
070	第 15 章	聪明的人类头脑

073	**第四部分**	**思想与梦**
075	第 16 章	抽象思维
079	第 17 章	修正或服务？
084	第 18 章	有意的想法与自动的想法
088	第 19 章	梦与潜意识
092	第 20 章	醒时做梦

095	**第五部分**	**心**
097	第 21 章	理解情绪
102	第 22 章	心门为何开为何关
108	第 23 章	能量流之舞
113	第 24 章	情绪的缘由
118	第 25 章	心之秘密
123	**第六部分**	**人类困境及其超越**
125	第 26 章	人类困境
129	第 27 章	范式的转变
133	第 28 章	与心共舞
138	第 29 章	既非抑制亦非表达
143	**第七部分**	**学习放手**
145	第 30 章	解放自我的技巧
151	第 31 章	易摘之果
154	第 32 章	过去
159	第 33 章	冥想

163	第34章 解决更大的问题

167	**第八部分 过一种接纳的人生**
169	第35章 处理受阻能量
173	第36章 能量转化
177	第37章 意愿之力
182	第38章 探索更高级的状态
187	第39章 身处俗世,活出不羁

193	**致谢**
195	**附录**
197	做什么才能获得完全的幸福? ——一诺对话辛格

第一部分

I

意识的觉知

第 1 章
自我觉知

— ✱ —

从最广泛的意义上来说,人类的困境就是身处这个旋转着穿越广袤外太空的星球之上,并在这里存在一段时间。地球已经存在了45 亿年,但我们每个人在地球上的时间是有限的,大约 80 年。我们出生在此,死后便离开,这就是事实。然而,不太确定的是我们会怎样活着。毫无疑问,在这个星球上生活令人兴奋,这种生活可以在任何时候为我们带来热情、激情和灵感,每一天都可以是一次美丽的冒险。不幸的是,地球上的生活很少像我们希望的那样展开,如果抗拒,我们就可能会有非常不愉快的经历。抗拒产生紧张和焦虑并使生活成为负担。

为了避免负担、全心拥抱生活,历代智者都教导过接受现实的重要性。只有接受现实,我们才能顺应生命之流创造一个更加美好的世界。所有的科学都建立在研究现实的基础上,我们学习现实的规则,然后运用它们来改善生活。科学家们不能否认现实,他们必须全心接受现实,将之作为自身努力的起点。要飞翔,就必须完全接受万有引力定律而非否认其存在。在精神领域也是如此,诸如臣服、接纳和不抵抗的教导构成了深刻的性灵生活的基础。但这些概念可能很难理解。在《活出不羁人生》一书中,我们开启了一段旅程,它会将我们引向纯粹理性的接纳以及它所承诺的伟大礼物:自由、和平和内心的启迪。对于"接受"一词最好的理解就是不抗拒现实。无论怎么做,也没人能够让已发生之事回到发生之前,你的选择只有接受或抗拒。在这共同的旅程中,我们将会探索你是如何以及为什么做出这个决定的。但首先你必须懂得,身在其中的人才掌握着决定的力量。

你当然**身在其中**,对于内在的存在你有一种直觉,那是什么呢?那是一种自我觉知,也是我们所能讨论的最重要的话题。既然我们要深入了解接受的精神本质,那就有必要首先了解到底是谁身在其中地接受或抗拒。

靠近自我的本质的方法有很多,让我们慢慢来,从简单的开始。想象有人走过来问你:"嗨,你在吗?"你会如何回应?没有人会真的说:"不,我不在这里。"那将是最自相矛盾的瞎说。如果你不在,那又是谁在回答?你肯定在那里,但那意味着什么呢?

为了区分"你在那里"是什么意思,可以想象有人给你看三张不同的照片。照片被一张接一张地展示出来,然后你会被问:"虽然照片变了,但看到这三张不同照片的是同一个你吗?"你会回答说:"当然是同一个我。"非常好,这个举动有助于我们认清方向。通过这个简单的活动我们可以清楚地看到,你不等同于你所见之物;你只是在观看。照片在变,看到照片的你却并未改变。

通过照片不难理解你不等于你所见之物。但有些东西更能让我们产生认同感,例如我们的身体。我们对自己身体的认同足以让我们说出:"我是一个43岁的女人,身高5英尺6英寸①。"但你真的就等同于一具43岁、身高5英尺6英寸的女性躯体吗?还是说这具躯体是你身在其中意识到的东西?为了解决这个问题,让我们从你的手开始。如果有人问你能否看到你的手,你会说:"是的,我能看到。"好的,但如果它被切断了呢?不要担心疼痛,只是想象一下它消失了的情景。你还在吗?你没发现你的手没了吗?这就和变化的照片是一样的:手在那时,你能看到它。它消失的时候,你看到它不在了。那个身在其中做出"看到"这个动作的你是没有变的,只是你看的对象在变化。你的身体只是你的又一个所见之物。问题还是那个:是谁在那里看?

需要注意的是,我们的讨论不应该在手这里打住。外科手术已经变得非常先进,在心肺机和其他医疗设备的帮助下,外科医生可以移除你身体的很多部分——但同样,自我意识仍然存在,自我仍能意识到身体的这些变化。如果你的身体发生了那么大的变化,而你还是身在其中,那你怎么可能等同于自己的身体呢?

幸运的是,为了帮助你意识到你不等同于自己的身体,我们并不需要大费周折。有一个更加简单而直观的方法可以解决这个问题。你肯定注意到,在3岁、10岁、20岁或50岁的时候,你的身体看起来是不一样的。在你80岁或90岁的时候,它看起来肯定也不一样。但在身体里面注视着它的那个你难道不是同一个人吗?在你10岁

---

① 约为1.68米。——编辑注(本书页下注皆为编辑注,下略。)

第1章 自我觉知　　005

时，你照镜子看到的和你现在看到的一样吗？不一样，但无论是那时还是现在，照镜子的不都是你吗？你一直都身在其中，对吧？这就是我们讨论的所有问题的核心和本质。你是谁？是谁在肉身里面透过你的双眼注视着你看到的东西？就像当你注视那三张照片时，你不等同于其中任何一张照片——你是看着它们的那个人。同样，当你注视镜子时，你也并非你所见——你是注视着肉身的那个人。

渐渐地，通过使用这些例子，我们揭开了自我的本质。你与你所见事物之间始终是一种主客体关系。你是主体，你所看到的是客体。有许多不同的物体通过你的感官进入，但只有一个主体在体验这一切——你。

第 2 章
意识接收者

— * —

一旦意识到自己身在其中,你就会留意到身边的事物会分散你的意识。邻居家的狗在叫、有人在房间里走、咖啡的香味,你的意识会被吸引到这些事物上。每一天,你都会被外界事物干扰,很少能专注于**自身**,也就是这些事物的意识接收者。让我们花点时间来研究一下意识接收者与让他分心的对象之间的真正关系吧。

从科学的角度来讲,你甚至没有去看外部事物。就在此刻,你也并不是真的在看那些所见之物。事情是这样的:构成外部物体的分子将光线反射回来,这些反射光线照射到眼睛的光感受器上,并通过你的神经系统作为信息传递回来。这些信息会以外部事物的形象呈现在你的脑海中。事实上你是由内而非由外看到了这些事物。

我们正在慢慢地抽丝剥茧,看看做你是个什么感觉。事情与其表象肯定不同,这一点甚至是有科学依据的。这就像你身在其中,看着大脑中的平面显示器,它正在将你面前的世界成像。你显然不是自己眼前的物体;毕竟你都没有真的在看那个东西。后退一步,问题就变成了:"在这里看着面前事物的大脑成像的我到底是谁?"

有一位来自印度的伟大圣人和启蒙大师名叫拉玛那·玛哈希(Ramana Maharshi)。他的整个心灵之路就是每一刻都坚持询问:"吾见时,谁见?吾闻时,谁闻?吾感时,谁感?"**自我实现**是瑜伽大师帕拉宏撒·尤迦南达(Paramahansa Yogananda)用来表示开悟的术语,意思是你已经完全认识到身在其中的你究竟是谁。回到自我的位置的整个心灵之旅并不是为了找到你自己——而是为了认识到你就是自我。即使从犹太—基督教的角度来看,如果有人问他们是否有灵魂,正确的答案也是:"不,你没**有**灵魂——你身在其中,你的意识就**是**灵魂。"因此,"你是谁?"就成了一个本质性的问题。除非你知道是谁受到了束缚,否则就无法自我解脱。同样,你也无法懂得接纳,除非知道了是谁在抗拒。

让我们继续探索自我。之前我们讨论过,当你年轻时,你透过自己的双眼看到了镜子里的某种影像。在后来的生活中,你看到的影像大不相同。从那个角度来说,你多大了?不是指你的生理年龄。用那双眼睛看着你的身体的那个你多大了?如果 10 岁时你在那里,如果 20 岁时你在那里,如果临终前你在那里,意识到自己就要死去,那么那个你究竟是多大年纪呢?不要回答这个问题,只要让它触及你的内心深处。你愿意放弃关于年龄的传统概念吗?

让我们再做一个有趣的实验。想象你刚洗完澡对着镜子,你是否看到了男性或女性身体的镜像?如果突然间通过某种神秘的力量,镜像变化了呢?不知何故,身体部位发生了变化。如果你是男性,你现在看到的是女性;如果你是女性,你现在看到的是男性。在那里看着身体的还是那个你吗？这个意识一直通过这双眼睛在看，虽然眼睛此刻看到了大不相同的身体，但这个意识还是没有改变吗？你可能会说："发生了什么事？这是怎么回事？"尽管如此，拥有整个体验的还是同一个你。那么身在其中的你是什么性别呢？身在其中的你没有身体部位，也就不可能有性别之分。你所能拥有的是意识，当你透过眼睛向外看时，你所看到的身体有某种形态和形状。这种形态和形状可能是男性也可能是女性，但注意到这一事实的你并无性别。

还是那个问题：那个意识直觉地知道你身在其中，那么**你是谁**？你的躯体有年龄性别之分，但这些概念与感知躯体的那个自我无关。如果你看着的是一个有 100 年历史的高花瓶，这就会让你变得又高又老吗？种族也是如此。你的皮肤可能是某种颜色，但感知到这一点的那个意识根本没有颜色。你不等同于你的身体；你是那个感知到自己身体特征的人。你是正在看着眼前一切的那个内在的意识觉知。问题是：**你愿意放弃你所以为的自己吗？**因为你并非你所以为的自己。同一个内在的存在正注视着你的身体、你的房子、你的汽车。你才是主体，其余的都是意识的对象。

换个轻松点的话题吧。晚上睡觉时，你经常会做梦。早上醒来时你说："我做了个梦。"这句话其实很深奥。你怎么知道自己做过梦？你只是记得那个梦还是你真的身在其中经历了梦境？答案很简单：你是经历了梦境。通过你的眼睛看到外部世界的那个你也在经历着梦中发生的事件。存在的只有一个意识，你要么在经历清醒的世界，要么在经历梦境。注意，在描述你与两个世界的互动时，你会本能地使用"我"这个词,比如"我张开双臂在云层中飞翔,然后我突然醒来意识到自己在床上"。

在《帕坦伽利的瑜伽经》(The Yoga Sutras of Patanjali)这本非常古老的瑜伽经文中,帕坦伽利讨论了深度的无梦睡眠。他说,睡觉时没有做梦并不是说你没有意识,而是你什么都没有意识到。如果你花些时间思考这件事就会发现:身在其中的你总是有意识的。即使是被敲昏的人,或者进入昏迷状态的人,也经常会告诉我们他们的经历。也有经历过濒死体验的人们会回来讲述他们离开自己身体的经历。无论这些经历的来源是什么都是同一个你在亲身经历并得以将其描述出来,你怎能将那称作没有意识呢?从医学上说,所谓的"意识"与我们对外部环境的觉知有关,然而身在其中的你是不是有意识地觉知到任何事情则完全是另一回事了。你总是有意识的,从一开始就有意识,无论你关注的是内部还是外部,你都很清楚。你是谁?那个有意识地觉知的内在实体是谁?

第 3 章
活在内在世界

— ✳ —

我们回到了你生命中最基本的真相：你身在其中，你知道自己身在其中，你一直都身在其中。这就产生了一些有趣的问题，比如，身体死亡时你还会意识到存在吗？这难道不是一个有趣的问题吗？别激动，我们不会为你回答这个问题。然而，最终会有人给出这个答案，那就是**你自己**。有一天你一定会亲自发现身体死亡时你是否还是身在其中。对于死亡，人们为何如此困扰？它可是你人生中最令人兴奋的事情之一。那真是绝无仅有的经历！那就是在你死的时候等着你的东西。在那最终时刻之后，你要么存在，要么不存在。如果你不存在了，那也别担心。事情并非这样："天哪，我不存在了，我不喜欢这样。"不。你不存在了，所以也就不会有任何问题。然而另一种可能则要有趣得多——如果你仍然存在呢？那么你就会知道在连身体都没有的情况下探索另一个宇宙是什么感觉。我们不用再继续讨论这事了，因为它与人们对这个主题的信仰、概念或观点相冲突。让我们把它当作一生中唯一一次的终极体验，并期待它的到来吧。

有些人之所以对死亡感到如此烦恼，是因为他们将自己与身体等同。不仅如此，他们还将自己与车和房子等同。人们把他们的自我意识投射到自我以外的事物上，这使他们害怕失去这些东西。而当你经历了内在成长后，你就不会再认同这些外在之物，而将认同更深层次的自我意识。

很明显你现在就身在其中，那么我们来提几个合理的问题：你在那里干什么？更重要的是，身在其中究竟是什么样的？这是个多么有趣的问题啊！如果人们诚实地回答，大多数人会说，身在其中并不总是那么有趣，事实上，有时候相当艰难。这是怎么回事呢？就是在这里，我们会真正地展开关于内心成长的诚恳讨论。大多数人都没有意识到身在其中可以永远都是美好的。好好享受最美好的时光吧：把第一个孩子抱在怀里、结婚的那天、初吻、中彩票。回想一下那种状态，然后将其美好翻上几倍，并一直保持那种好状态，这就是你的内心所能体验到的，这就是真相。身在其中真的很美，但有东西把它搞砸了。想象你走进一幢满是泥土、香蕉皮和比萨渣的房子，房子很漂亮，但是无人照看。房子能够再度变美，但这需要费一番功夫，这就是你内心的状况。事实上，这就是我们进行内在探索的原因。每个人都想要同样的东西：他们希望能够舒服自在地身在其中。

人们做各种各样的事情以使得自己能够舒服地身在其中。一些人四处奔波，试图获得令人兴奋的体验，寻找令人满意的关系，甚至通过喝酒或吸毒来缓解压力——所有这些都是出于同样的原因。问题在于他们用了错误的方法来解决问题。他们问的是**如何**舒服地身在其中，而更关键的问题是**为什么**不舒服？如果你找到了不舒服的原因，然后解决掉，你就会发现身在其中是可以很舒服的。生活并不一定是一场这样的游戏："既然身在其中感觉不太好，那我就需要找到一些东西来弥补，以便感觉好一点。"而每个人却都在这样做。他们正在努力向外寻找，想要找到令他们的内在体验更加舒适的人、地方和事物。人们试图用外部世界来修补内在世界，但更好的做法是先找出是什么让内在世界不太美好。

第 4 章
三环马戏团

— * —

"我身在其中。我是清醒的，我意识到的是身在其中并不总是令人愉快。"

这种诚实的陈述是我们继续探索自我和接受能力的一个绝妙出发点。是什么样的经历让你的内心时而美好、时而艰难？身在其中的你只经历了三件事，让我们来看看。首先，你通过感官体验外面的世界。外面有一个完整的世界，面前的东西是通过你的眼睛、耳朵、鼻子、味觉和触觉进入的。当它进入时，那体验要么愉快要么不愉快，要么只是短暂存在。因此外部世界是你要处理的事情之一，它对你的内在状态有深刻的影响。

尽管外面的世界势不可挡，但它并非你内在体验的全部内容。你也有自己的想法，你听到自己在想："我不知道我是否喜欢这样。我甚至不明白她为什么要这么做。"或者，"哇！我想有一辆那样的车。我周末会去乡下开车兜风"。如果有人问你是谁在你脑子里说这些话，你可能会说那是你自己。但那并不是你，那都是一些想法，而你是那个注意到那些想法的人，想法只是你注意到的一件事而已。你注意到由外而入的世界，也注意到由内而生的想法。

想法从何而来？我们稍后会详细讨论这个问题，但现在请理解想法和外部世界是你内心所体验的三件事中的两件。你体验的第三件事是感觉或情绪。有些感觉会突然冒出来，比如恐惧。你的头脑会说，"我感到害怕"，但如果你实际上不**感到**害怕，那么这种想法的影响就会小得多，只有真的体验到了恐惧情绪才会导致问题。有些感觉是愉快的："我感受到爱。我感受到前所未有的爱。"你喜欢那种感觉。有的感觉是不愉快的："我感到恐惧、尴尬和内疚同时出现。"你不喜欢这样，对吧？

我们在探索自我的道路上已经走了很远。我们已经证明你身在其中，对此最有力的证据就是你知道自己的确身在其中，这是你的**意识所在**。每当你迷路的时候，只需站在镜子前说："嗨，你在那里吗？"向自己招手，然后意识到，"是的，我看到有人在挥手。看见眼前一切的那个我是谁呢？"这是一个回到你意识所在的方法。当你站在那里的时候，会注意你意识到的其他事情。注意你周围的环境通过你的感官进入、你的想法通过你的头脑，以及它们在你心中引发舒适或不舒适的感觉的任何情绪。这三种内在体验是你的意识在地球上进行生命游戏的竞技场。

总之，你在那里根本没有机会。这三种体验的不断冲击就像一个一直在里面表演的三环马戏团。这就如同一个针对你的阴谋，其效果令人难以抵抗。外界对你的想法有很大的影响，你的想法和情绪通常是一致的。很少出现这样的情况：大脑说"我不喜欢这个"，你的内心却感受到巨大的爱。假设弗雷德经过，你的大脑说："我不想看到弗雷德。自从上次我们吵了一架以后，见到他我就觉得不舒服。"你就会开始感到恐惧。在一个事件从外部进入、控制你的思想并产生困难的情绪之前你都感觉很好，你被卷入了一种压倒性的体验中。现在如果有人问你："身在其中是什么感觉？"你可能会说："感觉相当强烈，我经常失落，又努力让自己好起来。"并没那么好玩，对吧？

佛陀说众生皆苦，这并不消极。众生皆苦，无论你是富有、贫穷、生病、健康、年轻还是年老——这都不重要。当然，有些时候你并不痛苦，但大多数情况下，你都想要让自己好过，简单说来就是这样。你会在某个时刻意识到，这就是你一生所做的一切——努力好过一些。这就是你小时候哭的原因，你身在其中感到不舒服。这就是为什么你想要某个玩具，你以为有了玩具就会好过了。所以你才想嫁给这个特别的人，所以你才想去欧洲或夏威夷度假。你会意识到自己身在其中所做的一切都是为了让自己感觉好过。首先你思考什么能让你过得好，然后你去努力将其实现。

试着感觉好过是什么意思？首先，这意味着努力让你更容易与自己的思想和情绪相处。思想和情绪有好的，也有不好的。你喜欢那些好的，这就是你纠结的地方。你希望你的想法是正面、积极和美好的。问题是有一个现实的外部世界会介入，使得你的想法和情绪变得非常糟糕，这就是为什么生活可以压倒一切。

这种与外部世界、思想和情感的互动提出了一些非常有趣的问题:这三样东西是什么？它们从何而来？你又能在多大程度上控制它们？为什么它们有时让你感觉良好,有时又让你感觉糟糕？我们将非常详细地探讨这些问题。当我们理清一切的时候,你就会意识到真正重要的不是思想、不是情绪,也不是外部世界,真正重要的是身在其中的**你**,那个正在经历这些事情的你。**你好吗**？我们看到的是身在其中的你高于你所拥有的任何经历。能看到这一点的人是整个宇宙中最美的存在。如果你能回到自我的位置,你就会发现这一点。这是基督教导你的、佛陀教导你的、每一种传统的所有伟大的精神大师都教导你的:王国在你心中。身在其中的你是被按照"神"的形象创造出来的,但是你必须把自己从所有的内心骚动中解放出来才会懂得这一点。

第 5 章
探索事物的本质

— ✳ —

你的整个生命是由有意识地体验意识的三个对象(外部世界、思想和情感)组成的,现在我们准备探索这些体验的起源和本质。了解了它们的来源,你受到其干扰力量的影响就会更小,就能更好地理解自己接受或排斥它们的倾向。我们研究这些意识的对象不仅是为了获得知识,也是为了获得自由。

让我们讨论一下你面前的世界的本质。你面前的每一刻都像电影画面一样来来去去,这些时刻永不停止,它们只是在时间和空间中流动。这些时刻从何而来?为什么你会以这种方式体验它们?你与眼前事物的真正关系是什么?

我们将探索思想和情感的本质,包括它们如何以及为何会这样不断改变,这也许会比外部世界更为有趣。虽然意识的三个对象在不断地变化,但你是那个始终在那里体验它们的持久存在。你的本质是什么?坐下来觉知到自己的意识是何感觉?这就是所有灵性活动的意义所在。当你不再因三大干扰物中的任何一个分心时,你的意识就将不再被拉入这些对象。意识的焦点将很自然地留在意识的源头，就像手电筒光照在各种物体上一样。如果不看被照亮的物体，而是看光本身，你会发现照射在不同物体上的光都是一样的。同样，无论事物来自内在还是外在，觉知到面前每一个对象的都是同一个意识。你就是那个意识。当你回到觉知的源头，那将是你最美好的经历。

这就是我们面前的旅程——把自身从纷扰中解放出来，是这些纷扰让我们无法变得强大，让我们在生活中苦苦挣扎。当你开始理解自己正与之斗争的这些事物的本质时，就能非常自然地把自己从它们的控制中解放出来。"接受"和"臣服"指的就是这种放手的行为。你的内心中有一种巨大的平静，它不会被外部世界、你的思想甚至你的情感所扰乱。这些事物可以继续自由地存在，但它们将不再主宰你的生活。你将在生活中自由地、充分地互动，但这样做是出于爱和服务，而非恐惧或渴望。

现在你明白了这本书的根本目的：让你学会如何放下三大干扰回到你存在的本源。正如你将看到的，这是你能充分享受生命的唯一方式。**活出不羁人生**就是这个意思。回到核心并不需要强制的练习，你只需通过日常生活来学习，逐渐放下那些分散意识的东西，这才是最高级的路径。通过接受而非抗拒，你最终会获得一个永久的清晰之位——这被称为在自我的位置上站稳脚跟。你将生活在你所经历过的最美丽的能量中，它永不停止。在你生命的每一刻，都有一股美丽的能量流在你体内不断上升。

我们将以一种非常科学的、分析性的方式来走向这个释放自我的过程。通过这样做,你将能够自在地面对面前的三个意识对象,这样你就不再必须投入生命去控制这一体验。你会看到面前的对象代表着你的存在的较低层面:身体、思想和情感。与此形成鲜明对比的是,你可以学会将自己建立在你的存在的更高层面:意识觉知之所在。你可以在完全自由和幸福的状态下生活。准备好了吗?让我们开始探索外部世界、思想和情感的内部世界,以及体验这一切的意识,让我们更多地了解这条接纳眼前一切的道路吧!

第二部分

II

外部世界

第 6 章
身处的时刻

— * —

在通往内心自由的道路上,正确看待事物至关重要。我们不断返回的那个坚实基础是你身在其中,你知道自己身在其中,你一直都清楚这一点。但你并没有注意到自己身在其中这一事实,因为你过于专注于那些发生在自身内部和外部的事情,你不关注意识的来源,而是迷失在意识的对象中。灵性觉醒是将意识从意识的对象中解脱出来,理解你每天处理的意识对象的本质对于做到这一点很有帮助。

我们从外部世界开始探索。你通过五感接收到的是你日常体验的重要组成部分,你每天都被源源不断的视觉、听觉、味觉、嗅觉和触觉淹没。如果我们要探索作为**你**,也就是那个身在其中的意识,是什么样的,那就需要花时间来彻底地了解外部世界,因为它构成了你生活的重要部分。外面到底有什么,它从哪里来,你与它的关系是什么?

让我们从探索你与周围世界的关系开始。我们首先要做一个你可能不会同意的声明:**你身处的时刻与你毫不相干**。在你反对之前,先看看你身处的这一刻。不要用它做任何事情，不要用这一刻来沉思或试图积极面对，只要注意到你身处这样一个时刻。现在，看向左边，在你面前的是不同的时刻；向右看，还有另一个时刻在你面前。这些时刻在你看它们之前就已经存在了，当你看完之后，它们仍然会存在。此刻世界上有多少时刻是你没有注意到的？那么整个宇宙呢？你必须承认那些时刻与你无关。它们属于自己以及它们与周围所有事物构成的关系。你没有创造它们，也并未让它们来了又走，它们就在那里。你面前的时刻只是宇宙中存在的一个时刻，即使你没有看它，它也仍然存在，这完全与个人无关。

尽管如此，你身处的这一刻似乎并非与个人无关，它似乎与个人紧密相关，这就是为什么它能引起这么多麻烦。当身处的时刻不是你想要的样子时，你会感到痛苦；当它符合你的喜好时，你会感到高兴。正如我们将在后面的章节中探讨的那样，这是因为你将某些东西带入了那一刻——而它并不是那一刻本身固有的。宇宙中的所有时刻都不过是宇宙中的时刻；是你把个人喜好带入了这些客观的时刻，并使它们看起来与个人相关。

这是我们第一次看到放弃自己看待事物的惯有方式有多困难。我们非常愿意承认现在廷巴克图发生的事与我们无关。同样，我们毫不介意承认土星的光环、木星的大风暴和火星的沙子与我们无关。换句话说，超过99.999 99％的宇宙都与我们无关，但不知何故，这0.000 01％的宇宙与我们有关。哪0.000 01％呢？就是你面前的那部分。不知怎的，因为你看着它，它就不再是客观宇宙的一部分了，它就变得不再客观了。

问题是，你把你的个人喜好带入了你身处的时刻，这真是有点小题大做了。请注意，数十亿不关注你面前这一刻的人对此没有任何问题，他们一点也不在乎，它不会扰乱他们的想法，也不会激起他们的情绪。当你不再经历那一时刻时，它通常也不会打扰到你。相反，在你转向下一个时刻的时候，你又会感到困扰。"她为什么坐在那儿？""她在跟谁说话？""灯太亮了。"突然间，这个新的时刻开始影响你，因为你在面对它。事情的真相是，在你看到这一刻之前，它也照样存在。**你会发现，最令人惊讶的事情之一是你身处的时刻并没有困扰你，而是你在因为身处的时刻感到困扰**。身处的时刻本是客观的——是你把它变得具有针对性。在任何一段时间里，宇宙中都有无数个时刻在展开，而你与所有这些时刻的关系都完全相同：你是主体，时间是客体。

理智上你已认识到这一事实，但在日常生活中事情看起来并不是那样。为了帮助你，我们去旧金山的渔人码头实地考察一下，那里可以俯瞰美丽的太平洋。当你凝视远方时，问问自己眼前的一切是否与你有关。你会看到波浪、浪花，甚至还有一些鲸鱼或海狮，但那些事物都不过是碰巧在那一刻展现在你面前。如果你在另一天甚至另一个小时来这里，看到的景象都会大不相同，但这都不会影响到你，只有当你带着一些个人偏好来到码头时，才会感到困扰："我想看鲸鱼。""我想看看人们说的那种巨浪。"有了这些偏好，你的体验会与那些只是来看看太平洋是什么样子的人大不相同。他们可以简单地享受这种体验；你则必须努力让体验符合自己的个人偏好。

就海洋而言，不难看出面前的那一刻与你无关，你有权利只是享受这段经历,因为通常你不会把自己和海洋联系在一起,这比你生活中别的事情更容易做到。但不要怀疑,你与自己面前事物的关系永远是一样的,无论你面对的是大海还是眼前的生活,这些时刻都不过刚好是在宇宙中特定的时间和地点发生,而你也正好在那儿而已。所有的时刻都是客观的。但既然你似乎不能客观地看待面前的这一刻,那就让我们继续探索外部的世界,看看那一刻从何而来,又为何是现在这个样子。

第7章
你所在的世界

—— ＊ ——

如果你想知道眼前的时刻从何而来，那就应该去问问科学家们。早在亚里士多德和柏拉图时期，人们就对此提出了疑问。自人类存在以来，人们就在思考：**这一切从何而来？是什么造就了它？它为何在这？**如果问今天的科学家，他们会说在你观察外部世界时你看到的实际上是许多更小的物体的混合，你的所见所触都是普通的分子结构。正如我们已经探讨过的，你并不是真的在看世界，而是世界通过感官进入了你的身体。

为了了解这是如何运作的，让我们来看看颜色的本质。在你看见世界的时候，它肯定是有颜色的。但除了光本身，物体并无颜色，你感受到颜色的唯一原因是物体反射的光有颜色。通过观察棱镜，你就能明白这一点。如果让光线通过棱镜，就会得到不同的颜色，这被称为**电磁波谱**。光有不同的波长，你可以把可见光的每个波长视为颜色。记住彩虹的颜色：红、橙、黄、绿、蓝、靛、紫，它们构成了光谱中可见部分的颜色。当光波击中一个物体时，物体上不同的原子和分子吸收一些频率的光并反射其他光。物体本身并无颜色,我们所感知到的色彩来自反射光线。这个例子能完美地说明表象并不总是真相,我们在研究体验的真实本质时将反复看到这一点。

过去科学家认为原子可能是最小的单位,不能再继续细分了。如今我们知道原子由电子、中子和质子组成,它构成了我们日常所见事物的基本单位。我们可以停在这里好好享受一下看待事物的这种非常个人的方式。例如,当你说喜欢什么时,到底是什么意思?你声称喜欢的究竟是什么?如果你喜欢墙的颜色,那就像是在说你喜欢电磁波谱的一部分而非其他部分,任何外部物体都是如此。你真的喜欢这些而非那些原子吗?这有点奇怪,不是吗?这个事实强大有力,因为你所看到的只是一堆反射着光的原子。

经过数百年的研究,科学家们告诉我们,原子是通过共价键和离子键的定律聚集成分子的。这听起来可能很复杂,但实际上只是电磁定律决定了哪些原子会结合在一起。反过来,这些定律又决定了你在外部世界会看到什么。当然,在这个层面上,你可以看到世界是客观的,与你的好恶无关。你不能决定哪些原子或分子会自然地结合在一起。这些现象在宇宙中已经持续了数十亿年。

科学家告诉我们,在已知的宇宙中只有118种不同类型的原子,其中92种①自然地存在于地球上,是它们组成了元素周期表。元素周期表列出了你一生中每一刻所见和与之互动之物的基石。不只在地球上是这样,所有的恒星、行星以及我们在任何地方遇到的一切都

---

① 截至2023年,在地球上发现的元素共有94种。

由这些基本元素构成。你们中许多人在学校里学过自然科学,但是如果把所学知识应用到日常生活中会怎样呢？摆在你面前的只是大量原子的积累,它们被自然法则聚集到一起——这都是科学,与任何个人无关。当原子从你身边经过时,你被它们的流动冒犯到,这是非常不合逻辑的。你为何会为一堆原子的结合方式烦恼呢？别担心,在我们结束之前,我们将会彻底地探索个人因为原子而心烦意乱的现象。

事情从这里开始变得非常有趣了,因为问题变成了"原子从哪里来？"现在我们在探究物质的起源。了解原子的来源可以让你了解自己在宇宙中的位置。日常生活中所发生的一切都是你的意识在观察电子、中子和质子,是它们聚集在一起形成了原子和分子。既然这就是你生活的世界,那就让我们花点时间来探索这一切的来源。对此的了解有可能会改变你对生活的整个看法。

第 8 章
物之起源

— * —

如果我们研究物质的起源就会发现，几乎全世界的科学家都同意一个创世的基本模型。他们认为大约 138 亿年前发生了一次被称为**宇宙大爆炸**的巨型爆炸。人们认为在这次爆炸之前所有的星系和其中的一切以及所有的质量和宇宙的物质都可以放进一个比原子还小的空间。这不是什么疯狂的理论而是现代科学的观点。以敬畏和欣赏为目标，让我们来探索关于创世的科学能如何使我们的精神得到解放。

宇宙大爆炸之后，向外膨胀的能量非常热，以至于它没有任何形状而只是毫无节制的辐射。在不到一秒的时间里，亚原子粒子开始在这个能量场中形成。这时我们现在所知的任何元素都还无法成型，因为辐射温度非常高并且正以光速膨胀。因此，在大约 38 万年的时间里，整个宇宙都没有形状。在那之后，辐射冷却到足够的程度，引力和电磁力等基本力量可以把亚原子粒子拉到一起，形成第一个原子。我们所知道的这些亚原子粒子包括电子、中子和质子。这一切都产生于原始能量场和从中发射出的亚原子粒子。现代科学将这描述为**量子场**,量子物理学则是研究这些亚原子粒子以及它们如何产生我们所知的物质的科学。

最初的原子是氢原子,因其结构最简单:一个带负电的电子和一个带正电的质子。由于磁力的作用,这些粒子互相吸引形成原子。氢原子开始形成的时候,大量厚氢气云团堆积起来。随着这些云变薄,被称为光子的亚原子粒子开始逃逸,这就是我们所知的光的开始。有趣的是,《圣经》说:"起初……大地是混沌的,是虚空的;深渊的表面有黑暗。"(创一:2)这与科学的观点非常接近。在那些初始的时间里,没有光线可以从超厚的气体云中逃脱。一旦膨胀使得云层变薄,就突然"要有光,就有了光"(创一:3)。《创世记》和以现代科学为基础的宇宙学对于创造的开端的描述非常相似,这真是太神奇了。

既然知道了氢原子的来源,我们就可以探索其他构成世界的元素的来源。随着膨胀的速度进一步放缓,另一种重要力量开始发挥作用——引力。当然,引力能将有质量的物体拉到一起。由于氢原子有质量,当原子被拉得更近时,引力就会变得强大,将两个原子融合为一个。两个氢原子核融合时,就产生了一个氦原子。这种将较轻的元素融合成较重元素的过程被称为**核聚变**,它已经在宇宙中持续了数亿年。

值得注意的是,每次两个原子的聚变发生时,都会释放出巨大的原子能。突然间,整个宇宙开始发生核爆炸,释放出强大的辐射能,这就是我们所说的恒星的诞生。恒星的能量主要源于融合在一起的氢原子,它们释放出巨大的能量,并留下氦原子作为副产品。你可以把氦想象成氢聚变过程留下的灰烬。在宇宙大爆炸后,哪里的氢气云最厚,哪里的恒星就最先开始燃烧,星星就是由之而来,你今天看到的每一颗恒星都是通过氢聚变诞生的。

尽管这一切都始于138亿年前,我们今天也仍能找到与此有关的科学证据。宇宙中,新的恒星仍在不断产生,我们也能够观察到其产生的过程。如果用分辨率足够大的双筒望远镜来观察猎户座星云,你就会看到气体与其内部闪烁的恒星。像位于猎户座和马头座的星云,这些星云不仅仅是发光的彩色气体云的美丽照片,它们也是星星的摇篮。星星在这些气体云中诞生的过程与138亿年前[1]第一批恒星诞生的过程完全相同。正如我们将看到的一样,恒星在宇宙的生命循环中经历着诞生和消亡,恰如地球上正在发生的一切。

在迄今为止的探索中,我们看到的宇宙仅限于氢气和氦气以及照亮整个宇宙的明亮燃烧的恒星,但我们每天接触的外部世界就要复杂得多了。世界上其他的事物又从何而来呢?为了理解这一点,我们必须首先仔细研究恒星的生命周期。当恒星内的氢持续发生聚变时,由于氦比氢重,于是引力将核聚变产生的氦拉入恒星的核心,这就增加了核心的压力,使其足以抵消氢聚变引起的向外辐射的压力,这就是恒星保持稳定的原因。当恒星耗尽用来融合的氢时会发生什么呢?它们会开始消亡。

在消亡过程的早期阶段,任何留在核心外的氢都将被点燃,使整颗恒星向外膨胀并形成一颗"红巨星",其大小是原恒星的许多倍。

---

[1] 目前观测到的最古老的恒星诞生于约133亿年前。

这样来看的话，一颗太阳大小的恒星开始消亡时就会膨胀成一个大到足以吞噬地球的红巨星。但别担心，科学家估计太阳还有足够的氢，可以再燃烧50亿年。

与此同时，在恒星停止氢聚变时，氦核的引力会越来越大，因为不再有聚变产生压力将其抵消，恒星将开始向核心坍缩。恒星的核心要么裸露在太空中，要么核心上增加的压力会变得大到足够把氦聚变成更复杂的元素，例如碳，这都取决于恒星本来的大小。这些更复杂的元素的聚变过程将重新点燃恒星，使它的温度甚至变得更高。如果恒星的质量更大，这些"死亡阵痛"可以一次次地持续。经过一个又一个循环，越来越多的复杂元素会作为较轻元素聚变的副产品产生，最终恒星耗尽了燃料，它将再次坍缩。每当这种消亡循环发生，元素周期表上就会出现更多的元素。

恒星经历的死亡和重生周期的次数取决于恒星最初的大小。恒星越大，坍缩过程中产生的引力就越大，这样就有更大的力来重新点燃更复杂元素的聚变过程。对于大多数恒星来说，如果聚变产生的副产品是铁（元素周期表中的第26号元素），那么这个过程就会停止。这是因为铁在聚变过程中吸收的热量大于它在聚变过程中产生的热量，因此，铁不能维持聚变反应。大的恒星会不断变化发展，直到它们的铁核被之前没有完全燃烧的剩余元素的壳所包围。这就是元素周期表中较轻元素（1到26）的形成过程，这一过程涉及从氢到铁的所有元素。

尽管这些知识都很有趣且具有教育意义，但是请记住，本章讨论的目的是看看"外部世界"从何而来。令人惊奇的是，构成我们世界的元素都在恒星中形成。就拿你的身体来说吧，我们已经解释了构成你身体的所有元素从何而来——它们就是让星星发光的物质的副产品。人体中99％的物质都由六种元素组成：氧、碳、氢、氮、钙和磷。所有这些元素都比铁轻，因此都是由普通的恒星燃烧产生。我们知道这些都是事实而非理论。科学家们研究了处于生命周期中所有阶段的恒星，并了解了它们的组成。不管怎样，还是有些人会问："难道这些科学事实不会挑战**上帝**是宇宙创造者的信念吗？"一个恰当的回答应该是："当然不会。它们只是告诉你**上帝**如何创造了宇宙中的所有结构。"

恒星是用来创造宇宙的熔炉，与你相互作用的每一个原子都产生于恒星，此时此刻，数以亿计的恒星正在锻造出更多的元素。在匹兹堡，我们的炼钢炉热得可以炼钢，我们用钢来建造巨大的摩天大楼。同样，恒星也是熔炉，它锻造了我们每天都在与之互动的原子。希望你再也不会用从前的方式仰望星空。

第9章
造物之力

— * —

我们已经看到了普通恒星是如何创造出地球上较轻的元素的，下面我们来开始一个更加吸引人的话题：周期表上较重的元素，比如金、铂和银是如何产生的。较重的元素都是原子序数高于铁（26）的元素，铁形成了这条分界线，因为它在聚变过程中吸收的热量多于释放的热量，所以铁不会释放出足够的热能来阻止恒星坍缩。除非最初的恒星特别大（在消亡过程中变成"红超巨星"），否则它最终会在产生铁核时死亡。

红超巨星死亡期间发生的事情是已知宇宙中最惊人的事件之一，它提供了创造较重元素所需的能量来源。如果恒星在坍缩前足够大，其坍缩的强度实际上可以挤压核心的原子。这种巨大的力量没有将铁原子融合在一起，而是把它们的电子推入了原子核本身。由于电子带负电荷，原子核中的质子带正电荷，因此它们相互吸引，形成不带电荷的中子。一旦发生这种情况，铁核中剩下的就是大量紧密排列的中子，没有原子了——没有电子也没有质子了。巨大恒星坍缩强度极大,其产生的天体只有中子,这种强大的坍缩破坏了我们所知的物质结构。

大质量恒星演化剩下的就是中子星,它体积很小,质量却很大。从物理上讲,中子星的大小约为一座城市,但其质量却是地球的30多万倍。中子星的密度非常大,如果把一茶匙大小的中子星带到地球上,它将重达12万亿磅①。

恒星核心坍缩到只有中子的时候释放的能量是如此之大,以至于它产生了被称为**超新星**的巨大爆炸。这种爆炸巨大无比,一颗超新星发出的光比其所在星系中数十亿颗恒星发出的光加在一起还要亮。这是我们在宇宙中发现的最明亮、最强大的爆炸。

事实证明,超新星爆炸产生的巨大能量正为创造每天与我们互动的其余元素所需。超新星的大爆炸能做到引力在产生较轻的元素时所无法做到的——融合较重的元素。下次当你看着你的黄金结婚戒指,或者打开一个锡罐时,你可以想一想,这些元素的形成需要数十亿颗恒星的合力。

每天你都被各种各样的与你发生关联的东西包围着,你能毫不费力地感觉到巨大的摩天大楼和微小的回形针。从根源来说,每一个物体都由原子组成。你只是花了些时间来理解这些原子从哪里来,以及你为什么没有创造它们——它们是在恒星中被创造的,这会使你谦卑,并让你对面前所展现的造物之力感到敬畏。希望这种深深的谦卑和敬畏会助你走向通往自由和解放的精神之旅。

---

① 1磅≈0.4536千克。

第 10 章
世界与个人好恶无关

— * —

我们刚刚探索了你周围的世界从何而来。世界始于宇宙大爆炸,然后所有不同类型的元素通过原子聚变的过程被创造出来。恒星在死亡时发生爆炸,所有在其外层聚集的物质都会被吹到星际空间。碳、氧、硅、金和银都像元素形成的云朵一样漂浮在太空中,然后引力把它们拉到一起形成了行星。地球就是这样由 92 种自然元素形成的,所有这些元素都在恒星中形成。这个过程的持续时间已经超过 130 亿年,每天与你互动的一切,包括你的身体,都是由这些"星尘"组成。这就是事实,我们应该记住这一点并经常思考。

让我们回到讨论开始的地方。我们从这样一个事实开始:你面前总是有一个时刻,只要睁开眼睛就能看到它,它是从哪里来的呢?现在我们已经知道了,你面前的那一刻来自星星。原子在太阳炉中被一起烤熟,然后被拉到一起,形成我们称之为地球的物质。你在科学课上研究过接下来发生的事。基于电磁定律,这些元素结合在一起形成稳定的分子,如 H_2O。由于这些法则的相互作用,海洋中才有了水。随着其他更复杂的分子的形成，它们创造出形成生命有机体的原始汤。你身体里每个细胞的每一部分都是由数十亿年前恒星中产生的元素组成的。

这解释了你的身体从何而来，却没有解释**你**从哪里来。你不是由原子构成的，你是那个意识，能觉知到由原子构成的物体。你的身体可能是长期进化的结果，但是你呢？你从哪里来？你是如何变得身在其中的？身在其中为什么会是这样？自然科学可以解释外在世界，但内在世界呢？这正是我们在接下来的章节中将要探索的内容。

科学对于现实的发现应该让你对于创造的尊重更多而非更少。我们能够解释已然发生的非凡事件，这一事实应该会让你感到敬畏。看看它在138亿年后是如何结束的吧。要敢于从此种角度来看你面前的一切。既然你知道这一切从何而来，那就请注意了，你面前的一切都是神圣的。

现在来想想这个创造的过程是否与你有关。这些都是你造成的吗？你会在接下来的十亿年里让所有将要发生的事情在所有地方发生吗？当然不是。宇宙是一个有因果关系的非凡系统，过去造成现在，现在导致将来，自时间存在以来宇宙就是这般运转着的。在你面前的每一个瞬间都需要数十亿年时间的积累，每一件事情的过去、现在与将来都是完全相同的。

为了充分理解这意味着什么，我们可以来看看一个来自你家族历史的简单例子。如果你的曾曾曾祖母没有遇见你的曾曾曾祖父，你就不存在，这就是事实。让我们花点时间来讲一个关于他们如何相遇的故事，这样你就能明白每件事与别的事情都有关联。

故事要从恐龙说起,在现在的佛罗里达中南部地区经历了一场猛烈的风暴之后,一只巨大的恐龙在那里蹒跚而行。当这只恐龙把它的大脚放进潮湿的土壤里时,泥里留下了一个巨大的印记。随着时间的推移,雨水在这个深深的印记中积累,它周围的土壤开始被侵蚀。最终,水域的面积变得非常大,形成了我们如今所说的奥基乔比湖。

数百万年后,马艾米部落在湖边定居了下来,因为这里有淡水、鱼和一些动物。几个世纪过去了,西班牙殖民者在湖边建起了一座小镇。你的曾曾曾祖母是马艾米人的后裔,你的曾曾曾祖父当时正在参观这个小小的西班牙殖民地。一天,湖区下着瓢泼大雨,你的曾曾曾祖父在当地的酒馆里喝酒。他走出酒馆的时候喝得烂醉,根本没注意到你的曾曾曾祖母浑身湿透地走过。就在他醉醺醺地从楼梯上跌跌撞撞地摔到地上时,你的曾曾曾祖母在泥地里滑倒正好压在了他身上。他们看着对方,大笑起来,一见钟情。剩下的就是历史了。

换句话说,如果数百万年前恐龙没有走到那儿,如果马艾米部落没有在那里定居,如果西班牙人没有在那里建立城镇,如果那天没有下雨,如果曾曾曾祖父没有喝醉酒与曾曾曾祖母摔倒在泥里的同一处,你就不会存在,很多其他的东西也不会存在。时间与空间里的每一件事都是环环相扣的,你不是行动者而是现实的体验者。

如果事情是这样,事情确实也就是这样,那么下面的想法就相当愚蠢了:"此刻的出现花了138亿年,每一件事情的发生都是注定的——但我不喜欢这样。"这很好笑,这就像你说自己不喜欢土星有光环一样。

现在你明白我们为何要花时间去探索你面前的东西从何而来了吧？事情与你个人并不相干；它是数万亿因素造成的结果。这是我们第一次接触臣服和接受的真正含义。你不是放弃了外部世界而是完全接受了它，你放弃的是满含个人偏见的、编造出来的判断。如果有人问你是否能接受土星有光环，你可能会很困惑然后说："这和我有什么关系？这个问题真是疯狂。"事实上每件事都是这样的，每件事都与你无关，它们与造成现状的力量有关，这些力量可以追溯到数十亿年前，完全接受这个真理就是臣服。你的一部分认为自己有权对几十亿年互动的结果有所好恶，你必须对那一部分的自己放手。臣服是放下你不真实的那部分，这才是真正的臣服。

最终，你会意识到面前的时刻是非常神圣的，我们对那一刻从何而来的科学探索实际上非常具有灵性意义。量子物理学家正在探索整个宇宙是如何从一个无所不在的、无差别的能量场也就是量子场中发散出来的。他们向我们展示了万物如何由光构成，这曾经是一个严格意义上的灵性概念。科学家就是我们的牧师，他们教导我们潜在的创造力量如何造物。科学告诉我们，面前的每一刻都值得高度尊重。一个有灵性的人懂得这些真理，将它们根植于自己的存在，并按照这样的真理生活。

如果你花了138亿年才到达面前的那一刻，那一刻也花了138亿年才最终到达你面前，那么你与每一刻都是天造地设的一对。没有人有与你完全相同的经历，实际上，以前没人经历过，以后也不会有人体验得到，那个时刻不会再现了。所有的时刻都在不断穿越时间和空间。你正被给予一场历经数十亿年才得以形成的独特演出——它就在你眼前,而你却在抱怨。我们都认为自己有很好的理由去抱怨。我们共同踏上这段旅程的目的就是要消除这些理由,管它是什么理由。

你面前的这一刻是一份来自造物主的礼物,有形状、颜色和声音,还有很多人,也有很多事情要做。火星上不是这样的,在我们目前为止进行的宇宙研究中所见过的任何地方也都不是这样的。但我们的生活中并没有一种持续的敬畏和感激,这就是为什么这些关于宇宙学和量子物理的讨论是灵性层面的,这些讨论剥夺了你把一切都个人化的权利。你的意识可能察觉到了面前的时刻,但你并没有创造那个时刻,你只是被给予了一个美妙的机会去体验创造中的一刻。这一刻花了数十亿年才到达这里——你可千万别错过了。

人们把科学与上帝的对抗看得如此重要,就好像这两者是对立的一样。问题是人们并不真正相信两者中任何一个。如果相信科学解释了所有事物的创造,你就会在生活中不断地意识到,与你互动的所有事物都来自量子场,它们把自己聚集成原子和分子,然后以你面前的形式出现,你对它们无所谓好恶只会充满敬畏。同样,如果真的相信上帝是万物的创造者,你就会对上帝创造的奇迹充满敬畏和欣赏。你并无好恶,仅仅是奇迹的存在就会让你惊讶万分。

在你生活的世界里,种子落在地上,它就是一个天生的化学家,知道如何分解泥土和水中的分子,将它们与阳光混合,并将这些物质组合成玉米茎或树。人们告诉你这个"聪明的化学家"是复杂的 DNA 分子。这种神奇的分子结构从何而来？它的所有元素都在恒星中形成，然后被四种基本力（引力、电磁力、强相互作用力和弱相互作用力）自然地拉在一起形成 DNA 结构。人类的智慧与 DNA 的创造没有任何关系，然而 DNA 却对地球上所有动植物负责。我们生活在一个如此完美的世界，它会不断地震撼我们的大脑。但是我们却不能以客观的态度来对待这一切，反而忽略了科学与上帝的伟大。

我们开始探索的时候问了你身在其中是什么感觉。你知道自己身在其中——你的经历的本质是什么呢？为了回答这个问题，我们探索了你生活的外部世界的起源和本质，希望你现在对它有了更多的尊重和欣赏。你面前的那一刻是特别的，你可能会想要练习欣赏它并注意到它对你生活的影响。

接下来我们要讲的是大脑与思想，然后是心与情感。它们不是通过感官进入的，但肯定是你的体验。在我们梳理每个层次时，放手会变得越来越容易——接受和臣服。记住，你不是在向生活投降；你只是卸下了对生活的抵抗。我们可以用**觉察**这个词来表示你总是能意识到周围和内心真正在发生些什么。你不仅能意识到事物的表象，还能意识到它们的真实本质：它们从哪里来，为什么它们是这样的，以及它们在你面前显现出来需要付出什么代价。一旦你放下来自个人的干扰，觉察就将是一个自然的、毫不费力的过程。你不再认为面前的时刻必须是以某种特定的方式呈现，而是开始相信现在的方式就非常棒了。事实上，其存在本身就令人惊讶。

从现在起，无论你看向哪里、接触什么，一定要说"谢谢"。一定要向星星们致敬，它们不仅仅是在夜空中闪烁的浪漫事物，还是宇宙的熔炉，它们为你创造了一切。你能感谢它们吗？你能欣赏这个真理且明白自己并未做过什么了不起到值得拥有大树、海洋和天空的事吗？**你连自己来自何方都不知道，你只是在那里体验着一种神奇的天赋展现在面前，这就是灵性**——与现实而非个人达成和谐。

第三部分

―― Ⅲ ――

思想

第 11 章
空

— ✳ —

作为有意识的存在,你意识到世界通过你的感官进入。你注意到不只存在外部世界,也有内在的体验。当外部世界来临时,你有时感觉很好,有时感觉很糟。既然外部世界实际上只是原子的结构,为什么它会对你产生内在的影响呢?一堆原子怎么会让你心乱如麻呢?这是怎么回事?

你有能力体验三种截然不同的事物:外部世界、思想和情感。我们已经深入研究了外部世界的本质,现在让我们来理解意识的第二个对象:思想。什么是思想?我们都知道思想是什么。我们在这里,生命的每一天都在经历着它。从最简单的意义上说,思想是想法的所在之地。我们一直在想:"他为什么开得这么慢?我要迟到了。现在我该怎么办?"毫无疑问,这些都是想法,但它们在哪里存在呢?它们肯定不存在于外部世界。科学家们无法读取你的想法,尽管他们已经努力尝试了。但是你可以。即使花费数十亿美元制造的机器也无法读取你的想法,然而你却可以毫不费力地做到,真是能力惊人！

让我们花点时间来消化这个事实。你的意识有能力察觉到机器无法识别的东西：思想和情感。意识的对象肯定存在，但不是在我们定义的"物理"世界中。科学家已经告诉我们，整个宇宙归根结底都是能量。思想和情感只是高频振动的能量，机器是无法探测到它们的，也许有一天能做到这一点，以前也无法探测伽马射线、X射线，甚至红外光，后来我们制造出了能够捕捉这些细微振动的机器。科学家并没有把这些以更高频率振动的物体归为与我们的世界格格不入的东西，他们只是扩展了电磁波谱的定义以把它们包括进来。更高频率的振动是一直存在的，我们以前只是没有能够探测到它们。

同样，你的想法也一直存在。如果一个科学家告诉你："不，你的想法不存在。我探测不到它们，所以它们不存在。"你会笑着走开，你知道自己的想法在那里。你，也就是我们一直在讨论的清醒的意识，有能力去注意或不注意这个更高的能量振动所创造的思想。多年来，人们把这种更高的振动范围称为**精神层面**。

有很多关于思想这个话题的问题。例如，什么是想法，它们从何而来？因为科学家无法直接接触你的想法，所以只有你才能回答这些问题。你身在其中，有能力看到你的思想。你甚至用了"我的思想"和"我的想法"这样的说法。你说："那天我有个可怕的想法。我的想法最近一直困扰着我。"你怎么知道自己有个糟糕的想法呢？你怎么知道你的想法在困扰你？你身在其中，所以你知道在那里体验想法是什么感觉。你可以把思想想象成一个高频振动的能量场，在那里想法可以被创造出来。思想不是想法，思想是想法得以存在的能量场。正如云不是天空，但它们存在于天空中，由天空中的物质形成，而想法也不是思想，但它们存在于思想中，并由思想的物质形成。

佛教说空。在最纯粹的意义上，当我们使用"思想"这个词语时指的就是这个。这是一个空无一物的能量场，没有想法，只有一种绝对静止、无形的、我们称之为"思想"的能量场。这并不只是概念，你可以去到那里，深入的冥想者明白这一点。你只是在虚空中、在空空的头脑中休息。你身在其中，却没有想法。这里非常安静，空荡荡的，就像一台没有软件却功能强大的电脑。这台计算机潜力巨大，但它什么都不做，这就是空，这并非愚蠢，事实上，其潜能巨大。它只是静止，没产生想法。总的说来，这就是佛教徒所说的空，也是我们理解思想的起点。

外部世界在思想领域之外独立存在。不管思想是静止的还是嘈杂的，地球都会继续绕着地轴自转，所有的星系也继续在太空中漂浮。构成物质层面的能量比构成精神层面的能量具有更高的振动频率。从个人经验你就知道意识能够同时察觉到物质层面和精神层面。

现在我们已经考察了空的概念，让我们开始这个在思想领域中形成对象的过程。为了让你身在其中、拥有意识并意识到物质层面，你被赋予了一个肉身来容纳五感，包括视觉、听觉、嗅觉、味觉和触觉。这个肉身是来自星星并在进化中完善了的礼物。有了感官，外界的振动就会进来，它们通过感官接收器经过感觉神经进入大脑，然后在你体验它们的这个思想中显现。这种对外部世界的描绘是心智最基本的功能之一。这就像在佛罗里达看一场加州的球赛一样，比赛现场的摄像机捕捉到物理光线和声音振动,然后将它们数字化,并传输到你家里的接收器上,然后接收到的信号就被呈现在你的平板电视上。看上去你好像是在看比赛,但其实不然。你看的是摄像机捕捉的传输信号。

这与你"看到"周围世界时发生的情况惊人地相似。你的感官就像摄像机的传感器一样能感知外界的不同振动。然而,就感官而言,你捕捉到的是五种不同的振动频率,而不仅仅是图像和声音。你的感官将不同的振动转化为电神经冲动,并将它们传输到大脑。然后这些信号被呈现在大脑的能量场中,并尽可能地复制原始的物理源。通过脑海中呈现的形象,你就能意识到面前发生的事情。就像你通过位于佛罗里达州的电视屏幕上呈现的内容来了解加州的球赛一样。

你并非身在外部,而是身在其中,在内部。虽然世界无处不在,你却只能体验自己感官捕捉到并呈现在脑海中的那一部分。心不再是空的——它已经形成了其能量在你感官范围内的确切形象。正如我们讨论过的,你没有放眼看向世界。外部世界在你的脑海中重现,你看到的是那个头脑中的图像,这和做梦时的情况很像。在做梦的状态下,图像在脑海中被创造出来,你看着的是那些图像,醒着时也是一样的,不同的是,头脑中的图像由感官而非心理产生。这些在脑海中形成的图像就像在你的平板电视上形成的图像一样,屏幕是空白的,但现在它以呈现加州球赛的样子出现。你的大脑是空白的,但现在它以你周围外部世界的样子出现。

大脑太聪明了,平板电视有一个数字信号处理器,它能接收数字信号、解码并将其呈现为图像与声音，大脑则能接收编码的神经冲动，再现你面前包括深度感知的整个场景，并增加触觉、嗅觉和味觉。它将所有这些心灵的更高能量振动所产生的细节一一展现。这种对外部世界的精确描绘是大脑的主要功能之一。它让身在其中的你得以体验外部世界。思想是如此神奇的礼物，它天生无形，却能比最强大的计算机创造出更加出色的形式。大脑其实是第一台个人电脑，事实上，它非常个人化，不需要任何外在形式。它的显示屏、计算和图形功能都在内部，你不需要键盘、鼠标或语音识别来与它交流。它离你非常近，会对你的意志和内心最细微的冲动做出反应。

我们现在已从空白状态的大脑进入另一种心灵状态，它能够体现外部世界，这样我们就能体验自己周围的环境。体验是生命的甘露。你身在其中，你有能力去体验，因为你的大脑有能力去呈现。如果不去体验，人生还有什么意义？我们花了很多时间讨论外部世界是如何被创造的——数十亿年的星球活动产生了出现在你周围的事物。你看到了事物的产生；现在你看到的是不属于外在世界的意识是如何通过心灵的奇迹来对其进行体验的。

事实上，意识是最深奥的奇迹，是一个知道自己知道自己知道的本质。其他一切都是你的意识对象——真正的魔力是意识本身。当意识只是体验在头脑中所呈现的现实时，这就是我们所说的"**活在当下**"。当我们讨论到这一点时，也只能活在当下。真实世界是外在的，大脑会将其反映出来，你意识到的正是眼前的景象。在这个非常简单的状态下，你正在经历注定要经历的，那就是属于你的那个时刻带来的礼物。时刻到来了，只要你经历了那一刻就可以从中学习。

不存在分心的问题；你面前的这一刻是完整的。

大家都经历过这种少见的时刻。也许是一场美丽的日落把你带到了这样专注一境的意识状态。你正开车拐了个弯，突然间，夕阳呈现出美丽的紫色、橙色和品红。这是你所见过的最美丽的景色，你惊叹不已。"你惊叹不已"是什么意思呢？这意味着你的脑海里只剩下那落日美景，没有房贷，没有和男朋友的问题，也没有过去的烦恼。此时此刻你所拥有的唯一经历就是这映入眼帘的美丽落日，这景象在大脑中呈现并与你的整个存在融合。你的整个意识集中在你所拥有的体验上，而不是四处分散。这就是一次真正的灵性体验。

这就是《帕坦伽利的瑜伽经》所描述的体验者与体验合而为一，你实现了主体和客体的合。没有什么能让你的注意力从面前正在发生的事情上转移。这就是瑜伽里的**达拉纳**状态——一心专注。

你也有过其他接近这种一心专注状态的经历。有时候在与所爱之人一起的亲密时刻，一切都刚刚好，就在那一刻你达到了忘我的境地。突然间，所有的美丽与平静笼罩着你。当意识与其对象融合时，你就能感受到"神"的存在。在瑜伽哲学中，自我被称为**在—觉—乐**，也就是永恒的意识极乐。当自我专注于一个单一的对象时，人们就能体验到自我的本质，即完全的平静、满足和巨大的幸福。如果能够学会进入这种不受干扰、一心专注的意识，我们就随时都能体验到自我的本质。

第 12 章
个人思想的产生

— * —

我们为何没能一直处于这种一心专注的迷醉状态呢？是什么出了问题？是什么导致乐园的崩塌？

原因很简单：外部世界到来了，而且它很美。世界一路回到你脑海，你对世界的体验本身就非常令人感动，然而这并不意味着所有的感觉都一样。热给人的感觉不同于冷，因为热与冷不同。这并不意味着前者优于后者，它们只是感觉不同。有人温柔地触碰你，这和他们撞到你的感觉很不一样，不同的事物感受起来也不一样。佛教徒说万物皆有其本性。一条盘绕的响尾蛇出现在你的脑海中，与一只蝴蝶落在你手臂上的感觉是截然不同的。响尾蛇是在释放它的天性——散发出它独特的振动。这种振动本身很棒，但它与蝴蝶创造的内在体验不同，这没什么不对，这非常真实。拥有各种各样的经历有什么不好呢？如果每时每刻都有蝴蝶落在你身上，那这件事就会变成常态，变得不足为奇。造物主懂得如何创造一个永远令人兴奋的世界。

你的意识之所以会扩展是因为那不断流入的知识。你在自己的经历中学习成长，这种通过生活的学习是真正的精神成长，是灵魂的进化。就像学习的每件事都让你更聪明一样，每一次经历也都让你更加智慧。当响尾蛇出现在你的脑海中时，这确实不是什么舒服的内在体验，它给人的感觉和蝴蝶不一样，但也同样丰富多彩，同样重要。如果愿意在这个层次敞开心扉，你就仍然在田园牧歌的花园中，没有任何问题，有的只是对经验的学习。无论发生了什么事，你都在变得更好。

不幸的是，这不是我们的生活方式，有些事情出了大问题。让我们仔细看看花园里发生了什么事。首先，让我们从响尾蛇开始说起，它进来了，这种体验并不怎么舒适。其实，讨厌的响尾蛇意味着不舒服的体验——它甚至可能会令人极度不适，这将是一种对于外部经验的强烈的内在反应。

但这种不舒服的内在反应本身并非坏事，就其本质而言，它只是一种不同的振动。就像有些颜色有助于舒缓情绪，而有些颜色则很刺眼，但颜色没有好坏之分，它们只是电磁波谱的不同振动速率，你也可以学习如何适应这些不同的振动。响尾蛇不会一直在那咔嚓作响烦你一辈子，它会来，它就会走——那令人不舒服的振动也会随之而去，然后就会有别的事情发生。你生活在一个充满成长经历的地方，你只是在天地万物进入和通过之时体验着一切。

然而，你做不到那种程度的接受。身在其中的你，那个体验着脑海中呈现的事物的你有能力抗拒让自己不舒服的东西，你拥有自由意志，你可以像使用脑海中的手臂一样用它来驱走那些让你感觉不好的想法和情绪，你肯定那样做过。这种抵抗是一种意志行为，意志是一种与生俱来的力量，一种来自意识的力量。就像太阳存在于太空中，但它发出的光线具有强大的能量一样，意识存在于其所在之处，但它的知觉能发散到它所关注的任何东西上。当意识集中在某处时，就会产生巨大的力量，就像太阳光线通过放大镜聚焦时能产生巨大能量一样。你可以感受到专注的力量，它的确是一种集中的意识，这就是意志力的源泉。

意志的力量在理解思维是如何从清晰变为混乱的过程中起着非常重要的作用。你肯定注意到意识并不是均匀地落在脑海中呈现的所有物体上的，你更加注意某些物体。如果物体的振动令人更舒服或更不舒服，你就会产生"喜欢"或"讨厌"的反应。这就是个人思维形成的基础：喜欢和讨厌，这发生在非常原始的层次。这基本取决于身在其中的你是否有能力纯粹地体验事物而不在于是否能全身心地体验，这是一种允许客体单纯通过的能力。

如果内心的体验没有摒除个人好恶，它就会吸引你的意识。从那一刻开始，经过大脑的事物就不再同等重要了，某些事会显得比别的事更重要。意识的关注就会导致这一切的发生。意识是一种力量，而你把这种力量集中在精神的一个特定的对象上了。当意识的力量集中在这个精神对象上时，这个对象就不再能够像其他客体那样经过大脑了。就像太阳风会干扰通过日地空间的物体一样，专注的意识是一种会影响经过大脑的客体的力量。

意识集中在一个特定的精神形态上时，就阻碍了那个形态通过意识的能力，专注于它的那个行为会让它停留在脑海里。你是知道这一点的，当你想要心算时，你会把注意力集中在数字上，这样它们停留的时间就很充分，便于你对它们进行处理。事实上，任何时候你想在脑海中记住什么都必须把意识集中在它上面，这样想记住的东西才不会消失。意识的集中冻结了头脑中的形态，这样它们就不会从脑海中消失。因此，当你看到一条响尾蛇时，可能在你的脑海之中就只有它。但真相是，除了蛇还有树、草、天空和其他事物呈现在你的脑海中。只是你把意识集中在了响尾蛇身上，于是其他的事物都溜走了。有趣的是，因为你集中了太多意识在蛇身上，于是把关于它的经历冻结在了脑海里。你不可能让这种不舒服的经历**一直**存在，于是这时你开始了抵抗。

你知道"触及内心深处"是什么意思吗？我们之前讨论过美丽日落和完美的浪漫经历。你想要充分体验这些美好的时刻，所以敞开心扉让它们进入生命。这些都是生命中特别的时刻，都有什么东西触及了你的内心深处。根本不用多想，响尾蛇不可能进入你内心深处。抗拒是对令人不舒服的事情的自然反应，你是在试着和它保持距离。

你有没有在内心和什么东西保持过距离？也许是某人说过的一些伤害了你的话，也许是你年轻时经历过的一个尴尬阶段，甚至是一场可怕的离婚。你当然有这样做过，但这并不意味着事情没有发生，只有已经发生了的事才会存在于心。你不能阻止事情的发生，但也不必让它进入内心。心灵的空间很大，完整的体验与体验在头脑中第一次留下的印象之间距离甚远。你可以用意志让自己与脑海中的印象保持一定的距离，这是非常原始的反抗行为。

你抗拒和响尾蛇有关的经历，现在一只蝴蝶出现了，它落在你身上，这个经历是如此美好，你自然会专注其中。蝴蝶飞走的时候，你仍然希望它能停留，于是用意志留住了这个大脑中的图像，这就是佛教徒所说的**执着**。你不能抓住蝴蝶本身，因为它飞走了，所以你试着抓住对蝴蝶的大脑思维模式。你推开有关响尾蛇的感觉，却紧紧抓住与蝴蝶有关的感觉，这两种思维模式都无法在大脑中自然地完成。你不仅没有得到对它们的充分体验，还在脑海中留下了相关的思维模式。响尾蛇和蝴蝶都不会留下来，但它们会作为思维能量场的模式被留下，这就是喜欢和不喜欢的力量。

执着和抗拒都能让你头脑中的活动不断持续。理解这一点非常重要，经验思维就像一个清晰的电视屏幕：它会呈现发送到这里的图像。但现在你紧抓不放的这些图像不再由外部世界生成，它们作为精神模式困在脑海中就使得你与现实脱节了。你之前体验到的是现实的馈赠；现在你体验的是自己在脑海中坚持的模式。你头脑中的模式与别人头脑中的模式完全不同。每个人受困的心理模式都是独特的，非常个人化，它们取决于我们与过往经历的互动方式。我们的过往经历各不相同，与它互动的方式也不同，所以我们大脑中的印象是完全不同的，**这就是个人思想的诞生。**

问题是：现实是非个人化的。正如你已看到的，世界不是我们创造的。我们只是在体验着身边的造物奇迹。是的，世界上有响尾蛇和蝴蝶，还有很多其他的东西。但现在你的脑海里有了**响尾蛇**和**蝴蝶**，即使实际上它们并不在你面前。既然你已经在脑海中保留了这些残余的心理印象，现实就必须与之竞争来吸引你的注意力。这些内在印象的持续干扰会降低你全心专注于外部世界的能力。

第 13 章
伊甸园的堕落

— ＊ —

抵抗可以被认为是从伊甸园的堕落开始的。当你意识到这个了不起的、不断变化的世界时感觉很好,它提供给你不断学习和成长的经验礼物。以音乐为例,当你深深沉浸在音乐中时,没有杂念,只有音乐毫不费力地进入你的内心深处。听音乐时你可以达到狂喜的状态。头脑清醒的时候一切都是这样发生的。你要么是在极乐状态中体验涌向你的东西,要么是深深沉浸在自我的内在静止中。你回到了伊甸园——一切都那么美,也那么毫不费力。

一旦你想着响尾蛇和蝴蝶,就无法保持那种纯粹的意识状态,这两种思维模式已经成为吸引你注意力的强大对象。头脑清醒的时候,吸引你意识的是外部世界经过时的呈现。这种呈现非常有趣,也令人很有成就感,但因为你与其并不相干,它也就这样来了又去。相反,你脑海中充满能量的事物不会来来去去。你面前的世界来来去去,但这些心理对象一直存在,因为你把它们记在了心里。此外,因为它们被看作比别的事物更重要,所以你的意识就更加会为这些心理对象分心。

一切都不再一样,这就造成了一个大问题。接下来你意识到自己走在路上,有一根绳子在那里。但这时你的感觉已经和看到响尾蛇之前不同了,绳子让你想起响尾蛇。"让你想起"是什么意思?它不是响尾蛇,它只是一根绳子。尽管如此,看到绳子时意识需要做出选择:将注意力全部放在绳子上,还是被困在你脑海中的负面响尾蛇形象分散注意力。大脑会立刻把这两个精神对象合为一体,而你会感到害怕。被一条绳子吓着了吗?是的,被绳子吓到了。

蝴蝶的形象被困在你脑海中时,也会发生类似的事情。蝴蝶飞走后,你的注意力仍然集中在脑海中的画面上。你仍然感觉很好,并试图留住这种感觉,即使它不再是此时此地现实的一部分。然后一些新的东西从外部进入,比如一个人走了过去。你的大脑可能完美地呈现了这个新图像,但你并没有充分意识到它的存在。你的意识仍然被脑海中蝴蝶的形象分散。在过去,眼前的瞬间就能决定内心的体验,现在你有了一个偏好——你更愿意体验蝴蝶而非眼前现实在脑海中的形象。这就形成了一个意识关注的全新世界,即你在脑海中构建的世界。那个世界与造物的现实并不相符。这个内心世界是你的个人创造,来自你不愿放手的精神对象。这就是你脑海中的那些画面所代表的:你任性地留在脑海中的过去之事。正如我们将要看到的,这些印象是最初的种子,终将成长为自我概念或自我。

为了更清楚地了解这一点,让我们再看一次平板电视这个例子。第一代等离子屏幕问世时,制造商警告说它们有"余像",意思是如果在一个图像上暂停太久,等离子屏幕上就会留下图像的影子,节目继续播放时,旧的影像还会在那儿。你喜欢看那样的电视吗?看完新闻打开电影,新闻播报员的残像仍然叠加在电影上。同样的事也正好发生在蝴蝶和响尾蛇身上。你看不清楚面前正在发生的事情,因为脑海中的屏幕上已有其他图像,你把屏幕搞坏了,虽然你并非故意。你把一些令你不快的经历推到一边,这种行为看似无害。那你觉得这种时候这些被抗拒的经历都去哪了呢?它们会作为永久的印象在脑海中被存储起来。

我们应该仔细观察这些残余图像产生的效果。首先,创造的奇迹出现了。它创造了通过感官进入的形式,这样你就可以体验。显然在某些时刻你不喜欢某些振动,所以当它们在大脑内部呈现时,你就把它们推开了。那种任性的抗拒使它们在脑海中停留,这就是**针对性**的来源。我们之前说过,没有什么是真正针对个人的,但你选择用过去凝固的影像来填充你神圣的心灵,这些印象会留在你的脑海里,并将你的意识拉向它们。现在你对现实的看法狭隘且带着偏见,这会扭曲你余生的经历。这就是个人思想的力量。

目前为止,我们只关注了你排斥的响尾蛇和紧抓不放的蝴蝶,仅仅这些就足以扭曲你对现实的体验。老实说吧,你有多少这样满带情绪的印象?你这辈子都是这样。此外,这些储存的印象是相互依赖的。有一个响尾蛇的印象留在那里,你就会很容易被婴儿拨浪鼓的声音吓到。事实上,如果这种不适足够强烈,你就有可能会选择远离婴儿,这就是个人偏好,也是所有个人偏好的来源。一旦你形成了偏好,它们就会主导你全部的生活体验。

这些停留在头脑中的印象在瑜伽中被称为**"念力"**,古代奥义书里讨论到了这一点。在西格蒙德·弗洛伊德提出压抑理论的几千年前,人们是如何知道这一点的呢?这是因为他们是冥想者,他们不需要别人来教他们——他们在自己的脑海中看到了这一切。如果你安静地集中在觉知中就能看到在面前发生的一切。你是自己思想的终极体验者,只是你尚未注意到这一点。

你没有集中注意力,而是变得焦躁易怒,想要蝴蝶,不想要响尾蛇,你失去了自己的中心意识。当周围的世界进入并冲击或激活你储存的模式时,你就不再能够客观地观察现实。意识被吸引到激活的轮回中,一切都扭曲了。这是**心灵**的基础,你个人的自我。

什么是心灵?它是你在脑海中建立的关于自我的东西:"我是个不喜欢响尾蛇的人。我是个喜欢蝴蝶的人。"你所建立的自我概念是独一无二的。别人的心灵可能建立在雷雨、咬人的狗和依偎的小猫的基础之上。每个人的经历都不一样,因此,每个人建立的个人思维也各不相同。人们没有刻意这么做,这只是一种自然反应。因为你还没有准备好对生活进行坦率的体验,所以事情只是自然地发生。在生活经历中舒适地学习和成长才是达到了最高境界,如果对某些经历感到不舒服你就会用意志进行抗拒,那就意味着在那个领域你还没有足够进步。进步既指身体上的进步又指精神上的进步,它们都涉及对环境的适应,前者是指身体,后者是指灵魂。

当事件发生时,注定是你在经历。在经历中人们会感到困难,这就是我们为何要学会接受。你有什么权利坚持或抗拒现实呢?现实并非由你创造,在现实形成的数十亿年里你根本就不存在。让我们回到这个问题:"你喜欢土星有光环吗?"你的回答是:"喜不喜欢都一样。"这才是对每一个现实的正确回应,因为它们花了数十亿年才出现在你面前。

真正的问题不是你是否喜欢这些东西,而是你为什么不能接受它们。原因其实很简单:因为你无法理解它们。我们很难让一些经历过去而不受其干扰,但你得学会正确对待它们。你学会了打网球、弹钢琴,你已经学习了各种各样的东西,甚至微积分。开始你不知道怎么做这些事,在你学会与它们和睦相处之前,肯定会感到不舒服。灵魂是能够学习的,身在其中的你,也就是意识,可以学习体验现实。为了做到这一点一定不能心存抗拒,否则你马上就会把现实推开。所谓接受就是不抗拒,是决意允许现实完全地直接进入你存在的最高部分。最终,你臣服了,不再对现实进行抵抗,你学会让现实进入,即使在它涌入的时候感觉并不舒服。

积极的体验也是如此,比如前面提到的蝴蝶。你喜欢的人走过来对你说:"你知道吗,我真的很喜欢你。你很吸引人,我很喜欢和你在一起。"这是一种非常美妙的体验,你会立刻紧紧抓住他们言说的美好。他们会回去做自己的事,但你做不到。你无法专心工作,因为留在脑海里的印象一直在分散你的注意力。这是"**活在当下**"的反面,你所实践的是"**活在过去**"。你刚刚有了美好的经历,却被你毁了,就像对待蝴蝶一样,你抓着它不放,这就毁了它。因为对一种生活经历产生了偏好,所以你毁了它。现在每当电话响起,如果不是那个你喜欢的人打来的,你就会失望。请注意,这都是你造成的。有人对你说了好听的话,你就应付不了了。你无法让美好的经历保持美好,相反,你在脑海中对它紧抓不放,这美好的经历反倒把你搞砸了。

无论你是用意志去抗拒还是紧抓不放，这些残留的印象都会留在脑海里。你现在已经创造了一整层思想，它承载着你自身的念力，还有你过去未完成的模式。你会发现这些坚持和抗拒的行为决定着你的生活质量，这些印象分散了你对当下现实的意识。更重要的是，如果你总是被脑海里的这些"念力"分散注意力就永远体验不到真实的自我。

记忆与念力有着天壤之别。你的大脑和电脑一样有记忆存储的能力。大脑有一种自然功能，能将感官接收到的信息压缩存储在长期记忆中，这些被储存的记忆很容易就能被检索出来。你记住一个名字，这就意味着它被储存在了长期记忆中。再次见到那个人时，你通常都能毫不费力地想起他的名字，尽管我们也不可否认，有时得费很大的力气才能记起来。这些都是对记忆进行存储和回忆的正常方式。

与正常记忆形成鲜明对比的是，如果你经历了一件难以处理的事，当此事呈现在你脑海中时，你会有意识或无意识地用意志来抑制它。你根本不希望它出现在你脑海中，无论是现在还是长期，所以你试图把它完全从大脑中驱赶出去。这样做的时候，你在抗拒整个事件，这包括通过感官进入的一切、你的感受以及你对此事的想法。这一整套抗拒的体验不能以正常的方式穿过你——因为你不允许它这样。事件的全部能量都被锁在你的大脑里，它也不会只是安静地存在着，因为它一直试图释放被阻塞的能量，它会扭曲过去的记忆，也会扰乱现在的体验。头脑中被阻塞的能量就像电脑病毒，扭曲了意识和潜意识。在后面的章节中，我们将深入探索这些被阻塞的能量模式是如何产生念力以及如何阻塞你的自然能量流的。

在致力于灵性成长时,你会力图释放过去储存的阻塞物而不再储存现在的任何东西,这并不意味着大脑正常的记忆存储过程没有发生。你不是在故意忘记生活的经历,而只是没有抗拒或执着于这些经历,因而就没有将它们作为念力储存下来,它们就是无害而客观的记忆。

我们来举一个很多人都能理解的例子。你有个前夫:"我不想见他,也不想提他,甚至不喜欢别人提到他的名字。即使是在离婚多年之后,一想到他也会让我很不舒服!"你说的这些并非来自客观记忆——这绝对是一种念力。你说你和前夫离婚了,但你并没有真的和他脱离关系。他还在你心里面困扰着你。你甚至都不想去参加一个他也有可能出席的派对。你一直把这些印象封存在脑海中,最终创造出了另一个宇宙,在这个宇宙中你仍然与前任纠缠不清。正常的记忆可不是这样的,它会表现得很好,就像电脑的内存一样,正常记忆不会自动弹出,也没有需要释放的阻塞能量。正常的记忆会在你需要它的时候出现——而不会让你一生都深受其扰。

幸运的是,生活中遇到的大多数事情对你来说都是无所谓悲喜的,它们畅通无阻地通过,也可以在适当的时候被召回。你曾多次开车经过马路上的白线,但它们不会在不适当的时候自行出现。你每天遇到的汽车、树木、建筑物和无数其他物体也是这样,它们进入脑海,然后穿行而过。但是有一些事情在内心中是更难处理的,所以你会抗拒它们,或者执着不放,这就是你从现实的伊甸园堕落的原因。那些印象留在了脑海里,成为你构建心灵的基石。

第 14 章
心灵的面纱

— * —

心灵就像一个电脑程序,以念力为基础在大脑中运行。它会告诉你以前发生过的事情、你希望此刻发生的事情,以及你希望或不希望明天发生的事情。实际上你已经在头脑中创造了另一个非常复杂的现实。这是一个被储存起来的巨大时刻群,由一些你不愿放手的时刻组成。在这一点上,你甚至不需要另一条响尾蛇来惹你不安。与蛇有关的经历卡在了你的大脑里,这一事实意味着别的与蛇并不相干的事情也会让你想起它来。事实上,你也可以自己想起来,都不需外界的提醒。你可能正在街上开车,做着自己的事。突然,你想起了那条蛇有多可怕,于是你又害怕了起来。这时我们面对的不再是现实了,我们的内心如此混乱,难怪在生活中有这么多的麻烦。这就是个人思想的本质。

不管大脑多混乱,事实仍然是你不等于个人思维——就像你不等于你的电视屏幕一样。但客观地观察自己的思想比看电视屏幕要困难得多,这是因为脑海中储存的印象自有力量。这些过去的印象与来自外界现实的形象相竞争，使人很难区分。在事情如此混乱的时候就很难保持客观的观察。不可轻视念力；它们严重扭曲了你的生活体验。

我们以心理学里的罗夏测试为例，人们也通常称之为墨迹测试。心理学家会展示一团墨迹然后问你看到了什么。你马上回答说你看到人们在做爱，或者也许是父母在吵架。换句话说，罗夏测试刺激了你储存在大脑中的模式，让你看到了实际上并不存在的东西。事实是整个世界就是一个巨大的罗夏测试。世界是在你面前展开的一连串原子，这和墨迹一样，都与个人无关。但它击中了你的念力，刺激了储存的精神和情感反应。现在，你体验的不是外界发生的事情，而是自己内心的好恶、信念和判断。这些印象如此强烈，以至于你真的认为它们就如同墨迹一样是真实存在的。个人思维已经占据了你的整个生命，你不再能够自由地享受当下，而是被迫去处理大脑告诉你正在发生的事情。

我们来更深入地看看念力是如何影响你的生活的。我们已经讨论过，外界的东西会刺激来自过去的精神阻碍。第一次抗拒过去的经历时，你会感到不舒服，当它们再次出现时，你也会感到不舒服。更糟糕的是，就像罗夏测试一样，你所看见的并非外面的真实情况，而是内心问题在外界的投射。这就是为什么生活看起来如此可怕，为什么它似乎总是能击中你的弱点。**事实是，生活并没有打击你的弱点，是你把自己的弱点投射到了生活中**。然而，你储存的东西并不都是负面的，你也会执着于一些来自过去的积极的东西。问题就在于那些情况已经不复存在了，这令人失望。如果回到你曾看到蝴蝶的那个地方，蝴蝶却不在那里，这就成了一种消极的体验。

明白了吗？你让生活变成了一个输了又输的局面。如果任何东西让你想起以前的烦恼，你就输了；如果你不能重新体验到以前喜欢的东西，你又输了。这与禅宗所说的**初心**截然相反。如果你没有抱着特别的期待，然后有特别的事情发生，它就会深深地触动你。这件事情可以是美丽的日落、第一个意想不到的吻或其他令人愉悦的惊喜。如果你因为对这件事没有念力而深受触动的话，那你所抱有的就是初学者的心态。否则，你就会期望一些基于先前经验的事情发生，这就会干扰事件的自发性。

最终的结果就是念力毁了你的生活。你已经在这样做了，除非发生什么截然不同的事情把你拉出这个偏好系统，否则你无法充分感受任何事物。这就是为什么有些人会为了获得快感而走极端，有些人会试图保持一切完全不变，这样生活就不会扰乱他们的念力。在任何情况下，试图让大脑成为一个体面的栖身之所都会迫使人们寻找逃避的方法，比如喝酒和吸毒。你会陷入这样的地步：东奔西跑，试图安抚自己的思想。

最终，你会意识到让你变老的不是工作、配偶或汽车，而是脑子里乱七八糟的东西。当所有这些来自过去的模式都被阻塞在脑海中时，身在其中的你既不能体验到展现在面前的生命奇迹，又不能体验到自己内心的自然之美。你的意识完全被这些储存起来的思维模式分散了，只能日日夜夜服务于它们。你不再能体验现实——你能体验的对象只剩你自己。

禅宗里有个叫作"只是树"的概念和我们前面的讨论非常契合。

故事是这样的:在寺院里有一个年轻的和尚每天都去禅宗大师那儿修行。大师会问他一些问题,然后他会离开。有一次,小和尚走进来,大师看着他说:"发生什么事了吗? 你看起来容光焕发充满活力。"

小和尚很惊讶,说:"你是什么意思啊?"

"感觉你与往日不同,我的孩子。发生了什么事?"

小和尚告诉他:"是这样的,我穿过院子的时候,看见了那棵大橡树,我停下来看着它。以前我也见过它很多次,但这次我看到的**只是树**,那树即我所见。不知何故,它把我带到了深刻之地,让我感到一种觉醒。我有了一种开悟之感,这让我超脱。"

"那棵树已经存在一百年了,"大师说,"自你进庙就每天都从那棵树旁走过。"

"是的,"小和尚说,"但是以前走过这棵树的时候,它经常让我想起佛陀开悟时身边的那棵树。有时,我也会想起小时候的一棵树,我曾从那棵树上摔下去。这棵树总是激发出我过去的思维模式,但这一次我看到的**只是树**。"

大师脸上露出了微笑。

"只是树"就是我们最初讨论思维时所谈到的。这棵树出现在脑海中,那就是你看到的一切。相反的情况是,树出现了,你的大脑将其呈现出来,激发了你过去与树有关的念力。你的念力被激活,意识分散在树的主图像和你大脑内部发生的次级爆炸之间。次级爆炸是大脑由储存模式而产生的反应,你的体验不再纯粹了。但小和尚的体验是纯粹的,他看到的"只是树"。如果之前你不理解这个概念,希望你现在明白了,这样的话禅宗大师也会对你满意的,因为这是禅宗中一个非常深刻的概念。

思维本身没有问题,就像电脑本身没有问题一样,产生问题的是使用这些强大天赋的方式。头脑的聪慧程度几近无限,人们认为爱因斯坦很聪明,但他们不知道自己也很聪明。每一个人都有着人类的思维,我们拥有的可不是负鼠思维、松鼠思维或者猿猴思维。我们拥有的是人类的思维,那是相当聪明的。

第 15 章
聪明的人类头脑

— * —

人类头脑有何特别呢？我们来看看吧。在数十亿年间，当地球在太空中旋转时，进化发生了。先是矿物质，然后是植物，接着是动物，它们都由恒星中产生的原子形成。现代人类出现之前，地球已在太空中漂浮了 45 亿年。值得注意的是，人类出现之前，地球上其他物种的生活基本没有变化，食物、住所和生存就是这场游戏的主题。对它们来说，情况并没有太大变化。猴子在树上生活了数千万年，就和现在一样；鱼在水中游了数亿年，也和现在一样。在人类带着思维出现之前，地球上的一切都保持不变。人类发明了电，让夜晚变得明亮，人类建造了摩天大楼和以前从未有过的机器。人类甚至向地下挖掘，提取矿物，并开发出像硅芯片这样的先进材料。然后人类还制造了火箭飞船，飞向月球。

来比较一下人类与其他动物吧。其他动物的生活方式和一千年前、十万年前、一百万年前相比都完全一样，但人类可不是这样。人类曾经住在洞穴里，现在却打算住在火星上。是什么导致了这样的状况呢？是不是上帝藏匿了一艘火箭，而人类在某个地方找到了它？不，是人类的思维导致了这一切的发生。人类知道了一切都是由原子组成的，然后又知道了原子是如何分裂的。人类实际上已经弄清楚了宇宙是如何形成的，连量子层面的事都搞清楚了。我们人类大脑建起了能回望造物之初的哈勃空间望远镜。哈勃空间望远镜可以捕捉到太空中已穿行了130多亿年的光，这让我们能够看到130亿年前发生的事情。你能想象这一切吗？事实是你能，因为你拥有人类思维。

人类思维是个神奇的东西，这是我们的一个重要发现。你回归到思维深处，拥有自己聪明的头脑。但即便如此，普罗大众又是如何使用自己的头脑的呢？爱因斯坦用他的头脑思考关于光的行为、引力和外层空间物理的"思想实验"（尽管从来没有人这样做过）。而你，你忙于思考如何处理人际关系、人们对你的看法，以及如何得到想要的、避免不想要的。你可能没有爱因斯坦的头脑，但与地球上的其他生物相比，你是聪明的。问题不在于你是否聪明，而在于你如何使用这些聪明才智。

目前为止，我们看到的是没有你的干扰大脑自己会做它该做的事情。它为你提供了一种天赋，让你能够反映出你体验到的外部世界，但你很难好好接受这种天赋。感觉不太好时，你会抗拒；感觉太好，你又会对其执着。这导致了你内在心智模式的积累，现在，对当前的外部经验的处理会被过去的念力的反应扭曲。

你可以把这看作思维的层次。第一层是呈现当前外部体验的地方，我们可以称之为**此时此地层**。下一层是存储模式，它来自那个外部体验已经结束但你仍不能放手的过去，我们可以称之为**念力层**。

但另外还有一层,你在这一层试图用自己的聪明头脑解决念力造成的不适,它被称为**个人思维层**,也是你最认同的一层——你将自己与之等同。这三个层次的结合就是我们所说的**个人思想**。思想独一无二,只属于你自己。

当我们用大脑巨大的智慧力量将外部世界概念化时,就创造了个人思维层。外部世界不会打扰我们反而会让我们感觉良好,这似乎完全符合逻辑。但问题在于我们认为会让自己感觉好或坏的东西不过是来自过去的阻塞思维模式。如果用大脑智慧来发展的思维模式都得让我们感觉不错,那这就是在限制自己的生命,是在将念力作为自己的主人。个人想法还不止于此。如果你不考虑如何实现自己的愿望,那知道自己想要什么又有何意义?我们首先要找到好的策略,然后得想办法实现这个策略。战略和战术,这就是军事训练。从本质上说,我们是在与世界交战。

个人思维承担了一个任务,那就是得找到办法让面前的世界按照你想要的方式运作。这个任务应该让你警觉,因为我们已经非常详细地讨论了面前的世界来自哪里,以及它与你头脑中的想法并无关联。面前的这一刻是所有自然力量的结果,是自然力量使它变成了现在的样子。大脑中的偏好系统是你过去无法应付的经历造成的,它与自然力量是两种完全不同的力,彼此之间毫不相干。例如,一些当前的非个人力量导致了下雨,而一些过去的个人力量导致你不喜欢雨。你让自己与宇宙进行对抗,是肯定会失败的。然而,个人思维却认为这想法没有错,你是真的认为宇宙应该呈现出你个人想要的样子。

第四部分

—— IV ——

思想与梦

第 16 章
抽象思维

— ✳ —

幸运的是，思想还包含一个超越个人思维的层次。它被称为非个人思维、**抽象思维**，甚至是纯智力思维。这个思维层次不会被你的念力引起的内心骚动分散。它可以自由翱翔，不受阻碍地飞向心灵更高层次所表现的纯粹光辉和创造力。

我们称之为**抽象层次**的这个更高级的思维层次使得人类能够建造火箭飞船、开发空调系统、发现原子的存在，抽象思维才真正能够让人类变得伟大。人类的体验并不仅仅被局限在感官；人类还可以自由地去探索纯粹知性思维的领域。思想可以带我们到达任何地方。你想建造可以登上火星的漫游者，这样你就可以在互联网上探索这个星球，对吗？太好了，你能做到，因为思维能够超越感官和个人思想的限制。思维可以在很多层面上运作——问题是，你会如何运用它呢？

从智力上来说，你有能力从外界获取图像，并利用它们做创造性的事。你可以自由运用思维的力量达到艺术的抽象和理性的逻辑。

后者的一个完美例子来自爱因斯坦的思想实验。爱因斯坦的许多伟大理论都是坐在椅子上推理而得到的,那都是一些非常抽象的概念,也是对我们人类思想力量的极大赞扬。这与你迷失在个人想法中,并让这些关于自己的想法成为生活全部意义的情况大不相同。一旦产生了自己想要什么不想要什么,以及如何强迫世界按照你想要的方式存在的想法,你的内心就永远无法平静。你会失去很多抽象思维的伟大力量,因为你不能从自身抽象出来。生活将成为一场现实与你的个人好恶之间的战争。这种思维的使用被称为个人思维,因为它都是关于你自己,你的概念、观点和喜好的。

正念教导将意识集中在当前时刻,鼓励你专注于个人思维以外的事物。专注当下是让你的意识摆脱对自身的持续沉迷的一种方法。另一种超越个人思维的方法是用智慧去创造和做一些本质上与你个人无关的事情,比如成为一名找出问题原因的工程师,或一名研究疾病及其治疗方法的医学研究员。艺术、计算机科学、数学——所有这些都是运用客观思维的美好例子。思想是伟大的,只是不应该用它来存储你的个人喜好以及相信整个世界都应该与你大脑中存储的东西匹配。

外在世界根本不会神奇地与你储存在大脑中的东西匹配。事实上,期待这种情况的发生是很不明智的。把一生都投入与生活的斗争中,让它与你过去的好与坏的经历保持一致,这真的明智吗?如果你总是烦恼、挣扎,想让一切遂愿,那还怎么享受生活呢?这就是我们的社会现在的行为方式,也是几乎每个人都做过的事情。人类还没有进化到能学会不这样做。富人、穷人、病人、健康的人、已婚的人、单身的人——他们都是这样作茧自缚。如果得到了想要的,他们就感觉还好;如果没有得到想要的,他们或多或少都会痛苦。幸运的是,你不必这样生活。有一种更高明的生活方式,但这需要你改变与自己的思想和面前的生活互动的方式。

为了理解这种转变,让我们先看看你是如何决定自己想要什么和不想要什么的。留心的话你会发现过去的经历决定了你的偏好。所有偏好都并非凭空捏造——你的看法、观点和偏好都建立在你过去信息的基础上。比如,假设你在恋爱关系中很有安全感,这时你听说一些朋友分手了,他们很痛苦。于是突然间你开始担心自己的感情。在听说朋友的事之前你一切正常,现在却不舒服了。你把分手的概念储存在了脑海里,虽然它与你全无关联,但你觉得这事就是和你有关。

有没有可能处理这些信息但又不让它们停留在脑海里?当然可以。你的朋友遇到了问题,然后他们把这个问题告诉了你。信息进入头脑,穿过意识,于是你体验到了同情的感觉,这种互动实际上让你变得更好。你能够完全吸收生活的现实但又不让它困在脑海里。如果以后想要回忆,你可以按自己的意愿从记忆中还原它的所有荣耀。但那些信息不会一直自己冒出来,因为它没有卡在你的意识里,也没有被随便塞进潜意识,所以不会对你的生活产生不利影响。实际上它让你成为一个更好的人,因为你有能力处理这种经历。

另一方面,如果你怀着抗拒的想法处理这种经历,那它就会卡顿在意识中,造成严重破坏。如果你真的抗拒,这种经历就会被推入潜意识,在那里它会溃烂,并将其干扰扩散到整个大脑。在这两种情况中，你都是在把害怕的东西储存进脑海。如果这样做了，你就会害怕自己的想法。怎么可能不怕呢？你在脑海中形成了一堆不愉快的想法，而且它们会不断地出现。现在，为了让自己舒适地身在其中，你必须用思维的分析能力来弄清楚外面需要发生什么事才能让你感觉不错。这就是偏好的由来，偏好只是试图用外部事件来去除你内心的不适。这会导致你不断地根据自己的偏好来判断每一件事。

人们意见不一致的原因是显而易见的。大家经历过的事情都不一样，你和别人的内心世界完全不同，因为你脑海中的信息来自你自己的经历，没人有过完全相同的经历，甚至是亲近的人都没有——你的配偶、孩子或朋友都没有。不仅你过去的经历与别人不一样，你对待它们的方式也是独特的。为了获得认可，我们当然可以强迫自己遵从别的思维方式，但这只会让内心世界变得更加复杂。不但脑中储存的过去的印象导致了你的默认思维方式，而且你还必须抑制其中的某些部分，以符合"群体"心态。这就怪不得脑袋里面会乱糟糟的了！

你把所有个人的东西都藏在脑海里——好的、坏的、丑陋的。不可避免的结果就是，如果眼前的时刻恰好与你储存的模式一致，你就会感觉很好。你会感到开放、兴奋和热情。但如果它与存储模式不一致，你就会感到不安。你会立刻关闭心扉、开始自我防卫，甚至可能感到沮丧。现在我们回到之前的问题："身在其中是什么感觉？"有时很高兴，有时很沮丧；有时是天堂，有时是地狱。这就是原因。并不是上帝让它变成这样，而是你要这样。你被赋予了自由意志，却用它把自己的思想搞得一团糟。你不会为眼前的这一刻的存在感到敬畏，相反，你与之斗争想让它变得符合自己的想法。

第 17 章
修正或服务？

— ✳ —

偏好之所以存在，是因为你把过往经历储存在了个人思维中，这就使得身在其中变得相当困难。而你不但没处理好自己的个人思维，还加倍努力想要满足自己的偏好。"我想要感觉不错，让我感觉不错的方法就是得到想要的房子。""拥有一辆一直都想要的车才能让我感觉不错。""进入一段更好的关系才能让我感觉不错——哪怕这段关系并不适合我。"这些企图弥补大脑阻塞的尝试收到的只是暂时的效果，因为你并没有真正摆脱阻塞。

不断地控制生活以弥补阻塞，或者用尽一生以摆脱阻塞，这就是我们在生活中最重要的两个选择。事实是我们把念力都储存了起来，我们本不该这样，却这么做了。现在，我们期望整个世界都来适应念力，而不是自己来摆脱念力。我们知道世界不会自动如己所愿，所以便运用思维的个人思想层来分析什么样的世界才符合我们的愿望。我们擅长弄明白如何吸引别人，或者对事情做出改变，让其更好地适应我们的限制。我们所做的几乎每一件事都受个人思想层的支配。爱因斯坦用这种思维分析能力发现了 $E=mc^2$ 这个等式,而你却用这个能力来思考如果有人说你坏话该怎么办。思维的这整个层面都会对你储存的模式进行推理和分析,试图弄清世界该是什么样,使你在感知世界时能感觉良好,而非糟糕。

这就是为什么你会感到做决定如此困难,因为你在试图弄清每个选择会带来什么样的感觉。"我想住哪儿?应该换工作吗?我需要弄清楚这事。"你试图对提议的行动如何与储存在心里的模式相匹配进行概念化。你根本没想清楚,你的态度是"当然这么做。不然还能怎么做?"不如这样吧,现实一点,享受当下,这就是你的另一个选择。用大脑去创造,去激励,去做伟大的事情。不要让大脑总想着它自己和它想要的,学会享受生活本来的样子,而不是为了迎合过去的印象而限制自己享受生活的方式。

以自我为中心的思维分析层是最糟糕的。它是你建立的一个模型,告诉你每件事、每个人,包括明天的天气应该怎样才能让你感觉良好。"明天最好不要下雨,我要去野营。"现在你又开始为天气发愁了!你无法控制天气,却又为它困扰。不仅是天气,你前面的司机正以低于限速每小时 10 英里[①]的速度行驶。你会怎么想呢?"这太荒谬了,我可受不了。他们是怎么回事?他们本应该走慢车道。"事实证明,问题不在于你前面的人是怎么开车的,问题在于你的大脑在思考前面的人是如何开车的。最终你会发现,你已发展出了一整套完整的智力模式来指导如何做每一件事:人们应该如何表现;出门时你

---

① 1 英里≈1.609 3 千米。

的配偶应该穿什么；甚至交通流量应该是什么样的。你做过多少这样的事？几乎每一件事你都这样。你真的相信事情就该和你想的一样。事实是，这很荒谬。你根据过去的有限经验在头脑中臆想出来的东西根本就与现实世界中将要发生的事情无关。

来思考一下吧。你想要的天气与实际情况无关。天气与气象学有关而与你的偏好无关。如果真的想知道为什么你休假的时候下雨，那应该去学习科学。明智的人意识到，世界并不以他们的意志为转移，因为事情本身就不是这样的。世界只有一个，至于它该是什么样的，任何两个人都无法达成一致。我们最好把现实交给科学或上帝，而非个人喜好。你面前的世界背后有着现实的力量，它正在各种影响下展开，而这些影响可以追溯到数十亿年前。相形之下，你不过是在臆想，想要把世界建立在你过往印象的基础上。当现实与你想要的不同时，你就说它是错的。"我不喜欢那样，那不应该发生。"

有一个把事情看清楚的技巧。你可以把思想放在外太空，你会意识到那里什么都没有，99.999%都是空白，所有星星之间也几乎只有空白。离太阳最近的恒星在4.2光年之外。如果想要知道那有多远，可以想象一下在地球上方举着一束光，现在，让时间过去一秒，在这一秒钟里，光绕地球转七圈半。以这样的速度飞行4.2年，你才能到达那颗恒星。两颗恒星之间除了空白几乎空无一物，我们称之为星际空间。这就是宇宙中很多恒星之间的关系。你愿意待在那里而且什么都看不见吗？那就是99.999%的宇宙的模样。你每天的经历都是一个奇迹！伴随着每一刻流逝的时间而来的一切都有颜色、形状和声音，以及令人惊叹的体验。你却说："不，这不是我想要的。"

第17章 修正或服务？

这当然不是你想要的。但这不是重点,与其将眼前的时刻与你脑中的偏好比较,何不将它与空白比较呢?构成了99.999%的宇宙的可是空白啊。

如果这样做了,你就会发现自己对每天的经历心存感激。这些经历当然比空白的空间好了,这就是智者的生活方式。另一种选择就是因事情不是自己想要的样子而痛苦。之前,我们讨论过佛陀的第一个崇高真理:**众生皆苦**。现在我们来看看第二个崇高真理:**痛苦的根源是欲望**。换句话说,痛苦来源于偏好,来源于你已决定自己想要事情是什么样的,而当事情不是那样时就感到难过。不出所料,佛祖是对的,事情本身不会导致精神或情感上的痛苦——是你自己造成了痛苦。如果你不自寻烦恼,事情就只是事情本身。永远记住,所有事物都是经过了138亿年才在这一刻、在你面前完全地呈现出它现在的样子。

可以用我们看待自己身体的方式来完美解释精神痛苦是如何形成的。年轻时,你看起来是某个样子,老去时,你看起来就不一样了。这有什么不对劲吗?这是奇迹。你看着自己的身体自行改变,这是一个自然的过程,不应该造成痛苦。同样,在一生中,你会有许多不同的经历。这些经历不应该造成痛苦,经历就是经历,不等于痛苦。但如果你已决定了它们应该是什么样的,而它们又并非那样,那你就会痛苦。**你心里想要的和你面前展现的现实之间的反差会造成痛苦**。只要这两者不匹配,不管程度如何,你都会受苦。

我们在这里所探索的比大多数人想要探究的都更深入,但这就是真相。你已经根据过往印象在头脑中想好了喜欢什么、不喜欢什么。现在你真的相信世界就应该是头脑中那样的,显然,这个信念与现实相悖。只要这样行事,人生就会非常艰难。

  现在我们对个人思维有了非常清晰的认识。我们已经知道,第一层意识会接收感受。第二层是念力,生命展现时我们让念力滞留在了体内。以此为基础,我们建立了非常个人的思维模式,这包括个人好恶以及如何让生活按照我们想要的方式展开。这些关于个人好恶的印象非常深刻,以至于我们的意识完全被其所产生的生活模式吸收了。我们专注于此,自我概念就此成型。"我喜欢这个,不喜欢那个,我非常认真地想要得到自己想要的。"我们因这个模式而分心,甚至没有意识到自己其实在注视着这一切的发生。但我们确实是在看着——否则我们怎么会知道发生了什么事呢?

第 18 章
有意的想法与自动的想法

— * —

你身在其中,且有能力创造想法。现在在脑子里说"你好",一遍又一遍地说。确实在说了,不是吗?如果你不是有意那样说,这句话就不会出现在脑海中,对吧?很明显,你可以有意让大脑制造想法。一般来说,有两种截然不同的思维类型:有意的和自动的。我们要探索的第一种类型,正如它的名称所示,那是你有意创造的想法。

你可以用两种不同的方式有意地制造想法。你可以通过大脑里的声音和自己说话,说"你好",你也可以在脑海里创建可视化的想法。例如,现在想象一艘船,你看到了吗?现在想象一艘大一些的船,甚至更大的船,看到玛丽女王号了吗?除非你有意这样做,否则那艘船不会出现在脑海中。再一次,我们看到很明显你有能力让大脑创造想法。

除了有意的想法,还有另一类想法:自动自发的想法。这些想法并不是你故意创造出来的——它们只是自己突然出现在脑海中。这些想法一旦出现,你可能也会注意到它们的存在,但你并非像刚才制造与船有关的想法那样，有意将它们制造出来。绝大多数想法都是自动产生的。你在街上非常享受地开着车，这时大脑开始自己创造想法："我为什么非要说那些话？如果我没说，我们可能还在一起。嗯，那也不太可能——在那之前我们就有问题了。"你并不是有意让自己这样想，脑子里的那个声音在自说自话。如果你怀疑这些想法并非自发，可以试着将其阻断，你会发现根本就无法让它们停止。

假设有人本该在 3 点钟给你打电话，但 3 点半了电话也没有来。这 30 分钟里发生了什么呢？你的大脑开始自己制造想法。你不会特意决定："我想要担心这件事，好了，大脑，开始制造令人担忧的想法。他是出了意外还是放我鸽子了？"你不会这么做，是大脑自己在这样运转。那甚至都不是一些有意义的想法——它们是破坏性的。它们把你这 30 分钟都毁掉了。问题就变成了如果你反正都要花 30 分钟来等这个人的电话，为什么要让自己那么不好过呢？严格来说，不是你让自己不好过，是大脑在替你做这件事。

如果留心就会发现，大脑自己创造了大部分的想法，想法一直在产生着。洗澡的时候、开车的时候、工作间隙休息的时候，如果在这些时候留意，你就会发现大脑在不断地创造想法。即使这时有人和你说话，那些话也可能只是穿耳而过，你并没有真正听进去，因为你也在倾听大脑对别人所说的话的反应。你在想："我不同意。我决不会那样做。"大脑只是在讨论你自己，而不是那个人说的话。如果你观察这些自动产生的想法，就会发现它们五花八门，有的有趣有的可怕。不管怎样，让那些噪声一直在你的脑海里回荡真的明智吗？如果你花些时间关注一下就会发现情况并非如此。

第 18 章 有意的想法与自动的想法

这些想法从何而来？为何没有特意思考，头脑也会自己创造想法呢？其实我们已经讨论过这个问题了。当你储存念力，也就是一种未完成的精神和情感模式时，这种模式不会安静地停留在内心。任何曾经储存在你脑海里的东西都会因为你的抗拒或执着而试图释放。这是一个充满活力的现实，就像牛顿的运动定律一样。能量不能静止，除非你坚持用一种相反的意志力使它原地不动。这也是情绪总是出现的原因。25年前妈妈对你大吼大叫，你很受伤，现在突然有人提到他们的母亲大喊大叫，于是所有这些情感和精神问题又在你内心出现。为什么会这样？因为被阻挡的能量每一毫秒都在试图恢复，就像在筑坝的河流中一样，阻塞正在试图释放被压抑的能量。情绪被留在心里总是不舒服的，所以你必须不断用意志力来压制它。为了把这些垃圾藏在心里面，你浪费了多少能量？

就像身体总是试图排出杂质一样，思想也在试图将这些杂质排出体外，这就是大脑产生想法时发生的事情。有时候，你能找到这些想法的源头；有时候就没那么容易了。重要的是，要意识到大脑之所以产生一个想法来对抗另一个想法是有原因的。

让我们回到某人电话打晚了的例子。你的大脑可能会开始产生一些担忧的想法，比如你做了什么事情让他们心烦意乱，以至于他们不给你打电话。但这个问题没有意义，有意义的问题是，为什么你会觉得是这个原因而非其他原因？事实是在你10岁的时候有人曾经说过："你说得对，我是故意没有打电话给你，因为我不喜欢你的做法。"若干年后，每当有人不打电话，这种想法就会再度出现。如果几年前一个人不打电话的原因是要当面给你一个礼物、给你一个惊喜，那现在如果有人不打电话，你就会对接下来可能发生的事情感到兴奋。这些印象会留下来并不断地试图释放被压抑的能量，最终决定大脑自己产生的想法。几乎所有自动思维的本质都是这样，它们不应被视为重要的真理或对真正发生之事的良好洞察。这不过是大脑在尝试清理你储存在其内部的思维模式。

第 19 章
梦与潜意识

— * —

为了更好地理解储存的精神能量是如何释放的，让我们来看看心理学中最受欢迎的一个话题：梦。梦是什么？传统的弗洛伊德理论认为，梦是外界发生的一些事件在头脑中留下的未完成的印象。一个小男孩想要自行车，但是没有得到，他睡觉时梦见自己有了自行车。关于自行车的这件事本来进行得并不顺利，所以男孩把它放在了心里，压抑着这个想法。当他睡着的时候，对自己的想法的控制就没那么严格，这时他的思想就可以自由地释放那些在他醒着时无法自由表达的东西。我们都经常做这种梦，来自现实世界令我们神经紧张的事件进入了梦境。你并不是故意这么做的，这是大脑在试图释放累积的能量模式。

梦有很多种。弗洛伊德把我们讨论的梦称为基本的**愿望满足**。它是在清醒的头脑中形成的念力，通过形成睡眠时看到的思想来释放能量。这些构成梦境的想法与清醒时脑海中自动产生的想法并无太大区别，当然它们更生动，特别是那些梦中的形象。这是因为在睡眠中，大脑可以完全专注于创造思想。它不会被感官或许多其他层面的思想和情绪分心，此外，你也无法故意把这些想法推开。这就是为什么睡着的时候大脑的创造力更强。它能创造一个完整又复杂的彩色立体世界。大多数人在醒着的时候做不到这一点，尽管大脑很明显完全拥有这样做的能力。

一旦停止压抑不舒服的经历，你就会意识到其实并没有什么潜意识。意识和潜意识实际上是同一种意识，我们之所以觉得它们有区别是因为我们人为地制造了这个分类。要理解这一点可以想象一下环顾一屋子的人，然后说："我喜欢房间里面右边的人；我和那些人在一起很自在，但左边的人让我感到很不舒服。"想象说完这句话后你再也不会看向房间左边，因为这让你不舒服。你刚才的行为就是把房间分成了自己感觉舒适的部分和不想与之有任何关系的部分。后者是存在的，但对你来说已经不存在了。这正是人们通过创造潜意识这一分类所做的，你不愿意看到的那部分意识就是我们所说的潜意识。

幸运的是，一旦停止压抑，这些人为划分的意识部分就会融合在一起，你就能恢复心智，并充分利用其力量。想象一下，你浪费了多少精神力量去把这些乱七八糟的东西塞进潜意识呀。然后你下半辈子都得把它压抑在那儿。真是令人惊讶啊，就因为我们无法处理当下于是就把事情搞得一团糟。

推入潜意识的想法在清醒和做梦的状态下都起着作用。大脑自动生成梦境的原因和大脑自动生成清醒时的想法的原因是一样的。在这两种情况下，心理活动都不是被有意创造的，而是作为大脑试图释放被阻塞能量的一部分而自发出现的。

察觉到清醒状态和做梦状态的是同一种意识，这也是这两种状态的共同点。观察梦境的你与观察清醒时的想法和外部世界经历的你是同一个人。这就是为什么醒来的时候，你可以说："我做了一个多么美好的梦啊。"你是怎么知道的？你知道是因为你当时就在那里——同一个你，醒着的时候有意识的那个你。有趣的是，因为是同一个你，所以可以在梦里有很多精神上的成长。另一位伟大的瑜伽大师梅赫尔·巴巴（Meher Baba）说，你可以在梦中消除业力。他说，梦中的经历实际上对你的精神进化是有益的。你至少允许一些被阻挡的能量释放出来，这些能量是你清醒时不被允许释放的，但这种释放的行为是健康的。

我们可以从梦境中得到很多对于自己的了解。如果你储存在潜意识里的东西很糟糕，已不光是不喜欢的已发生的事或得不到想要的东西，那情况会变成什么样呢？有些事情比偏好更难处理，有些念力很深，甚至在梦中都无法出现，如果试图释放，你就会从噩梦中醒来，处于非常不安的状态。换句话说，那些事件即使出现在梦中，你的意识也无法体验。你抗拒，感觉很不舒服，于是醒了过来。那么这种能量是如何释放的呢？

储存在头脑中的未完成能量总是试图在一个个层面上释放。如果这种释放能把你从睡梦中唤醒，那么你的想法本身就象征着它想要表达的东西。你梦见的不是导致弟弟死亡的车祸，而是鸟儿在头顶高高地飞翔，然后一只老鹰猛扑下来，叼走了一只小鸟。你愿意看这个，却不愿意看你爱的人死于车祸。这一切都非常真实，大脑在帮助你。你聪明的头脑这么做是为了保持健康，至少能够释放一些被压抑的能量，这就是梦的象征意义所在。大脑发挥自己的能量时聪明得令人惊叹，就像身体总是试图治愈自己一样，大脑也总是试图释放那些被困在里面的杂质。

第 20 章
醒时做梦

— * —

此时你当然会欣赏大脑的巨大能量,尤其是它创造梦境的那一方面。梦境的创造不是一种有意的行为;大脑有能力自行完成这一行为。但正如你所看到的,梦并不是大脑自动创造的唯一的精神对象。脑子里整天说话的声音和创造梦境的力量同属思维的表达能力。要把脑子里的对话称作**醒时做梦**也不是不可以。那个声音说的每件事都源于大脑储存的念力。大脑试图在白天你还醒着的时候释放这些阻塞。例如,你看到一个人在跑步,那个声音在心里说:"我想知道他做错了什么,就像我哥哥跑开时一样,这个家伙又是在逃避什么?"问题是现在的情况和你哥哥没有任何关系,这个人可能是为了锻炼在跑步。你的大脑正在利用这个机会释放被压抑的能量,这就是为什么那么多思想对话都是消极的。你内心储存的绝大部分能量都源于你不喜欢的事情。当后续事件的发生刺激了这些消极的念力时,新的事件就会自动被体验为消极的。从本质上说,消极情绪会不断加剧。

如果你真的想知道偏好是如何让生活变成消极的体验的，那就去盖一栋房子，把厨房的墙刷成白色。你知道有50多种白色吗？等到你试着选择自己想要的白色的时候就知道了，换句话说，只有一个很小的色卡会符合你的喜好并让你开心，其他的都会让你心烦。看看你面临的风险吧，生活中可能发生的数十亿件事都不符合你的偏好，符合的只是少数，在这种情况下，生活成为消极经历的可能性极高。这不是因为生活是消极的，而是因为唯一对你来说不是负面的东西得完全符合你的喜好。

理解这一点非常重要。你建立了一个体系，在那之中你永远无法胜利。所有能让你想起以前困扰经历的事都被你划为困扰。更重要的是，生活几乎从来没有完全满足过你，因为你认为每件事都必须与你想要的一模一样。这表明了过去和现在的偏好的力量——偏好越多，就越难满意。

到目前为止，我们已经了解了很多关于心智的知识。我们从空白大脑开始，讨论了当下的思维层，它在内部呈现感官接收到的图像。在这层思想上，真正的麻烦开始了。身在其中的你，那个知道你身在其中的意识实体，用意志的力量阻止某些图像穿过你的大脑。这就产生了被称为念力的思维层。它保存着你在过去储存的印象，这都是个人偏好的基础。就好像在脑海中构建了这整个结构还不够似的，你用尽一生思考如何为它服务。你的意识迷失了，你在不断地关注这个错误的自我概念。

幸运的是，有一种方法可以解决这个问题——这就是所谓的"**目击意识**"。如果你能学着坐下来观察脑海里的那个声音就能解放自己。这不是要你关闭那个声音。不要和思想斗争,是你对自己的思想造成了这样的影响;你怎么好意思责怪思想呢!如果你一直吃让自己生病的食物,你会对食物大喊大叫吗?当然不会——你只会改变自己的行为。同样,这些被储存的念力破坏了你思想的伟大,该改变的也是你的内在行为。做到这一点很简单:释放你储存的念力,也不再继续储存。虽然说来容易做起来难,但我们肯定会探索如何做到这一点。

有一件事使我们的任务变得复杂。思想并不是唯一使人难以获得内心平静的力量——情感也是这样的力量。头脑通过内心的声音不断释放储存的能量已经够糟糕的了,但头脑还有一个小妹妹,那就是心。心可以创造情感,让身在其中变得非常有趣。有时内心就像有火山在喷发,有时内心是如此美丽,你只想融化其中。这是怎么回事?更重要的是,你能做些什么?正如你所预料的,这正是我们继续旅程,探索生活在自己内心中是什么感觉所要去的地方。

第五部分

———— V ————

心

第 21 章
理解情绪

— * —

审视周围世界的本质以及思维的本质,可以让我们更多地了解自己。有一件事变得很清楚:身在其中并不总是容易的。大脑产生的想法有可能会让人很不舒服,而通过感官进入内心的世界则可能会引发一场名副其实的火焰风暴。除此之外,内心还有比思想更令人不安的东西,那就是情绪。

情绪和思想很不一样,但大多数人都懒得把它们分开。思想和情绪的结合构成了**心智**或自我。心智与肉体完全不同,心智是在体内运行的非物质世界。

清楚地看到思想和情绪之间的区别非常重要。如果被要求指指思想,你不会指向脚趾,你会指着头部周围的区域,这是因为思想产生于与大脑相关的思维中。另一方面,如果让你指出像爱这样的情感从何而来,你会指着自己的心。这就是为什么情人节卡片上印的是心而不是脚趾头——我们把爱这种情感与心联系在一起。这是可以理解的,因为情感由心产生,不仅仅是美好的情感,而是所有的情感。如果有人做了伤害你或让你嫉妒的事,你会感到内心的痛苦或动荡。如果在工作中得到灵感,你就可以全身心地投入项目中,这里并不是指心脏那个器官——它和我们所说的无关,这里指的是你的精神之心或能量之心,接下来我们还会对此进行深入讨论。

情感不是物理性的。你可能站在一个正在经历快乐或悲伤的人身边,但他们不一定会表现出自己的感受。情绪是不可见的,它只能被感觉到。事实上,"情绪"和"感觉"这两个词是可以互换的。就像你在内心经历自己的想法一样,你也在内心体验感觉。尽管如此,情绪和想法是完全不同的。

我们来研究一下这种差异。正如之前我们所探索的,大脑创造思想并以两种不同的方式呈现。一种是通过脑海中的声音进行语言表达,另一种是在脑海中进行图像式的表达。心的交流方式却完全不同。情绪不会跟你说话,它们不仅仅是你脑海里的一个声音在说:"我好嫉妒。"那个声音之所以那样说是因为你**感到了嫉妒**,有一种感受,一种知觉——那就是情感。这就是为什么我们在谈论情绪时使用"感情"这个词语,比如"他伤害了我的感情"。这样说意味着与这个人的互动在你内心产生了一种不舒服的情绪。因此,你的头脑中有语言或图像式的想法,也有这些来自内心叫作情绪的完全不同的东西。实际上那就是振动,它们不会像思想那样形成特定的东西,而是更加捉摸不定。情绪更像云,而非明确的物体,它会像波浪一样涌上心头,冲刷我们所说的**气场**或能量体。情绪只是一种对能量变化的感受。就像《星球大战》里的欧比旺所说:"我感到原力中有一种巨大的扰动。"

内心感受一直存在，但只有在它发生改变的时候你才会注意到。注意，你只有在情绪走向极端的时候才会谈到它。"这深深地伤害了我。我不敢相信你会这样伤害我。"或者"我感受到了很多爱，这是我一生中最美好的感觉"。这些都是你情绪极端的例子，它们引起了你的注意。你可能没有注意到每天都有一种正常的情绪能量流过你的内心。这种能量降得很低的时候，你会注意到这种变化，你会说："我的心沉了下来，我没力气了。"恐惧占据内心时，你的心也可能会沉下来，有情况发生时能量就会下降。相反的情况是，你也可能说："我的心插上了翅膀。"突然之间，内心的情感能量高涨，激励着你。这些变化来自通常流经你的心的稳定状态的情绪能量。当你与情绪越来越协调时，你会注意到情绪就像思想一样总是存在。

就像思想一样，现在问题变成了：是谁感受到了这些情绪的转变？你怎么知道自己感到愤怒？你怎么知道自己感受到了爱？你知道，因为你身在其中，你知道内心发生了什么。这种清晰在精神上是非常深刻的。你太在意情绪了反而没有意识到自己就是那个正在经历情绪的人。我们一起进行的这段旅程的目标不是改变你的思想或情感，而是让你接受正在发生的这些不同转变的同时，保持在自我之座上。从这个角度来看，情绪可以改变，你可以注意到它们的变化，但你不会改变自己的位置。你仍然是那个注意到情绪、倾听自己的想法并通过眼睛看出去的人。那个人是谁？这就是我们旅程的目的。除了自我之座，在其他任何地方都无所谓灵性。灵性是关于精神的，自我之座就是精神。

当你在见证意识的位置上时，并不需要特意发起一个过程来观察自己的情绪。相反，这是对那里正在发生的事情的简单意识。做这件事不需要意志或努力。你只是意识到你听到或看到了自己的想法，感觉到了自己的情绪。如果留心，你就会发现情绪就像风吹过时的感觉。风可以是轻柔的微风，很舒服，也可能很可怕，像是时速100英里的飓风吹在你的脸上。你肯定已经注意到情绪就可以是这样的。我们并不需要努力就能注意到情绪，但要处理你注意到的东西则需要努力。情绪是来自心的非常敏感的振动，因此它们很容易转移。心比头脑敏感得多，我们对它的控制也少得多。

毫无疑问，当心发出一种特定的能量振动时，大脑就会相应地开始说话。这很像淡水泉，如果你潜到泉水的源头，就会看到有水从洞口冒出。水落到泉水源头的表面时，会产生波纹和各种图案。水表面上的活动与来自源头的活动很不一样，你的心也是如此。心正以某种振动频率释放能量，这种振动会自动上升到大脑中。你不必先是注意到自己嫉妒了然后决定最好考虑一下，内心活动最终会以思想的形式出现在大脑中。你储存的念力正试图从内心释放能量，这使思维变得活跃。念力的根就储存在你心里，大脑中被排除的模式也到了心里。它们都不会消散，只会深入到能量流的源头，也就是你的内心。

只有极少数人懂得自己的心。许多知识分子只想压抑内心，因其太过敏感和被动。他们宁愿生活在思想中，因为思想更受控制。被人伤害时，你感到不舒服，于是你直接使用思维将其合理化："他不是故意的，没关系，别往心里去。"这是你生性乐观才会出现的情况。否则，消极的想法就来了："我不会再忍了。没人敢这么跟我说话。

他们以为自己是谁?"不管怎样,大脑都在告诉心:"没关系,我会处理好的。"你只是将意识导向了大脑,这样你就不必感受到发自内心的困难情绪。

注意,意识可以完全聚焦于内心,也可以完全聚焦于大脑,或者它可以一分为二分别聚焦于内心和大脑。情绪极度愉悦时,你可能会有非理性行为的倾向,因为你不想把意识从内心的美转移到理性的头脑上去。另一方面,情绪不好时,你可能会试图通过用想法分散你对内心发生之事的注意力来改变内心体验。**大脑变成了灵魂躲避心灵的地方**,要想避免这种想要隐藏在内心或大脑中的倾向,只需意识到是同一个意识在体验着内在发生之事。

第 22 章
心门为何开为何关

— * —

如果想要了解自己的内心,首先得认识到你与你的心并不是一回事——你是内心的体验者。情绪发生时,你是觉知到这一切的意识。爱在心中迸发时,你说自己恋爱了,你真正的意思是感到爱从心里涌上来,沐浴着你。你漂浮在爱的海洋中,但你并不等同于自己感受到的爱——你是爱的体验者。请注意,目前为止我们还没有考虑另一个人在这段爱情经历中所扮演的角色。这是因为当你开始感受到爱时,心敞开了,散发出一股美丽的能量流,这本该让你说:"我爱爱情",你却说:"我爱你。"这是你第一次认识到另一个人在自己爱的经历中扮演的角色。只要对方的存在帮助你打开心扉,你就会感到对他的爱。如果他的存在无法打开你的心扉,你就会开始在别处寻找。这就是人际关系如此困难的原因,我们把爱的来源向外投射,没有意识到爱总是在心里。

真正的爱的心流与你和你的心有关,与他人无关,那是一种在心里体验到的流过内心的能量。毫无疑问,某些人或环境会让你的心打开或关闭,但打开或关闭这一动作由你的心而非别人发出。等我们讨论完这个话题,你就会明白为什么会发生这种情况。现在,让我们看看如果不懂爱是一种完全内在的体验并把这种体验投射到别人身上会发生什么。

把爱的源头投射到自身之外的那一刻,一切都变得个人化了。我们会变得占有欲强,这是很自然的。我们想要感受到爱,并将这种体验投射到另一个人身上。为了保持爱的感觉,我们必须留住对方,嫉妒、需要和依赖这些人类的情感由此产生。同样,如果我们正在感受爱的流动,而爱人做了一些我们不喜欢的事情,我们就会感到封闭和受伤,这都是一些来自内心的感觉。

如果你想继续感受爱,就必须学会如何处理打开和关闭心门的情绪。这就像学习一种乐器,一开始,你不知道该怎么做,你会犯错,并从中吸取教训。心是一种非常复杂的乐器,很少有人知道如何演奏。如果心门打开了,人们会试图占有帮助它敞开的东西;如果心门关闭,人们会试图保护自己不受导致其关闭的东西的伤害。既然你必须承受行为的后果,那么理解心为什么打开和关闭,以及是谁注意到了这些,可能会让生活焕然一新。

你有注意到心的打开和关闭,对吧?不管一个人是否学过瑜伽,或者是否冥想过,他们都知道心可以打开和关闭。心门敞开的时候,你会体验到一种比其他时候更加振奋的状态。心门关闭时则非常困难和痛苦。不幸的是,当这种情况发生时,大多数人根本不知道发生了什么。如果现在让他们敞开心扉,他们也不知道该怎么做。他们知道如何握紧拳头、眨眼,甚至产生一个想法,却不知道如何有意敞

第22章 心门为何开为何关

开心扉。一般来说，心会自动打开和关闭，人们只能接受这样的结果。

最好小心对待自己的心。心门打开时，你会沉浸在最初的能量冲击中以至忘乎所以。有人会说："我完全惊呆了，我坠入爱河了，我不在乎住在哪里，只要和他们在一起，我可以就住在外面的帐篷里。"我们来看看这能持续多久。心门关闭时，这些话就会变成："我再也不想见到他们，我不在乎他们说什么，我甚至都不想和他们说话，我不敢相信他们会那样做。"如果迷失在关闭的心的表述中，后果就可能会不堪设想。

心是器物一样的东西，是能发出能量振动的装置。就像电器一样，心需要运作良好的电源。心门关闭时，你就感觉不到正能量或建设性的目标而会感觉十分难受，有时会感觉胸口有块石头。你肯定不想这样，所以为了避免这种经历，大脑开始编造要怎么做的故事。"我要离开他们了，他们会很难过的。"我们能坦诚地谈谈吗？这些想法的产生只是一个心理过程。心门关闭时，能量流就不再强大，这会导致消极的想法。提升事物，包括提升思想状态都需要能量。心门关闭一段时间后，人们甚至会陷入深度抑郁，而敞开心扉的时候就不会这样。请注意，无论心处于何种状态，你都会感觉这种状态好像会永远持续。然而，在人生的不同阶段你都看到只要有机会心的状态就会改变。人们在内心阻塞的经历中迷失以至于毁了自己的生活。心门关闭时，大脑无法表达真实的你，它表达的只是封闭内心的状态，而你才是那个注意到这一切的人。

如果心处于兴奋开放的状态会怎么样呢？你的处境同样危险，

因为你认为这种状态会持久不变。但一般来说,总会有事情发生,它会抑制你内心涌动的热情。心门的关闭和打开都一样自有原因。世界在不断变化,你的想法也一直在变,一切都在不断变化。因此,如果你能指出一个敞开心扉的原因,那就小心了——它会变的。如果你能指出心门关闭的原因,别担心——那也会变的。如果任其发展,你的心将经历波动,因为不同的情况会导致它打开和关闭。不明白这一点的时候,你只会对自己的心做出反应。只有真正伟大的人才懂得人心,那是因为他们花费多年客观地观察心的所作所为,而非追逐它想要的,或逃避它不想要的。

　　心灵成长的一个非常重要的方面是理解心打开和关闭的动态变化。为了充分探索心为何打开和关闭,必须首先在更深的层次展开讨论。之前我们说过,你会在自我中经历三件事:进入自我的世界、头脑中的想法以及内心的情感。事实上,你还有第四种体验,它一直存在,但大多数人都迷失在前三个对象中,没有注意到意识的第四个对象。人体内有一股非常强大的能量流,在不同的文化中,它有着不同的名称,如沙克提、气或精神。为了便于讨论,我们将使用传统的瑜伽术语**沙克提**(*shakti*)。

　　一旦静下来,你就会意识到这种能量一直在体内流动。有时候你甚至会在自己能量水平突然变化时提及它。你会这样说:"当她说爱我时,我充满了活力,就像飘浮在云端。好几天我都感觉到体内充满能量。"在其他情况下,你会说:"当她说我们之间结束了时,我几乎没有力气开车回家,这让我筋疲力尽,整整一个星期都不能去上班。"这些表述谈到的是我们讨论的能量的表面能级。超越自我时,你将

第 22 章　心门为何开为何关

体验到的是一种更深层次的核心流。正是这更深层的能量流通过了敞开的心，才使你体验到了爱的感觉。因为能量只能达到人们允许的高度，这种美好的爱情体验对大多数人来说都不会经常发生。尽管如此，总有一些能量流过你的心，形成正常的情绪状态。

流经心的能量之所以如此波动，是因为你储存的念力。你在心里推开那些不喜欢的经历，紧紧抓住那些喜欢的。这些未完成的能量模式是真实的，它们会阻碍你内在的能量流。能量试图向上流动时，未完成的能量模式也总是试图向上流动，但它做不到，因为有阻塞之物。沙克提流的能量比念力的能量要微妙得多——因此沙克提不能更加向上。

在深入研究沙克提流之前，我们来看看阻塞物被生活经历击中或激活时会发生什么。你可能从来没有想过这个问题，但你很清楚会发生什么事。当任何特定的阻塞物被击中时，其中的能量就会被激活，你会开始感受到与过去经历相关的情绪和想法。你的内在状态被储存在内的未完成的能量模式支配，你完全迷失其中。在这种状态下，你无法掌控自己的思想或情绪，也不能控制自己心门的开合，被激活的念力占据了你的生活。如果不小心的话，你在那个不确定的状态下做的选择就会决定你的未来。

有一个例子是关于念力被击中时人们是怎么想的："我不敢相信他说了那样的话。我父亲以前常对我说那种讨厌的话，所以我才这么早就离开了家，我可不想再经历一次。我不需要和一个让我想起父亲的人谈恋爱。"虽然这听起来合乎逻辑，但其实不然。与你互动的这个人不是你父亲，如果你没有在与父亲的关系中留下那些念力，就可能会更好地处理目前的关系。确切地说,他们说的话并没有困扰你——话语击中的是念力,激活的念力会困扰你。不管怎样,为了保护自己不受干扰,你关闭了心门。**念力就是让心门打开和关闭的东西。**

第 23 章
能量流之舞

— * —

能量流和阻塞物之间有一个非常重要的相互作用。能量正试图出现,却又无法做到,因为你储存了这些来自过去的未完成的模式。正是这些过去的印象决定了你在生活中的偏好。如果有人激发了你过去的负面印象,你就不会对他们有好感。如果他们能激发出过去的积极印象,那你就可能会有一见钟情的感觉。这样活着非常危险——主宰生活的不是你自己而是过去的印象。

努力的话,总有一天你会完全了解自己的内心。当你释放了足够多被阻塞的能量模式时就会开始体验到很多能量在内心流动,这样你就能亲身体验到《圣经》中所说的"从他心中流出活水的江河"(约翰福音 7:38 NKJV)是什么意思。一种持续向上的能量流会出现在你整个身体系统中。当你真正打开的时候,这种能量流会从各种能量中心流出,比如心脏、眉毛之间的穴位和手掌,你将成为一道光、一股能量。这就是能量自由流动、不被这些个人阻塞阻碍之时会出现的状况。我们将在后面的章节讨论这个问题,现在谈到它可以让你理解自己的心为什么会在某些情况下打开和关闭。现在原因应该很明显了——你的心的状态取决于在任何特定时间里被激活的念力。

每当你把阻塞推到任何能量流中时，它都会在其中产生干扰，这种干扰就是你所体验到的情绪。假设你心态开放并感觉到一种洁净的爱流过心间，然后你的爱人说了一些让你生气且抗拒的话，这时你的心将不再感受到爱，相反，它会感到愤怒、恐惧或嫉妒。这些令人不安的能量模式就是你心的能量流被阻塞的直接结果。所有情绪都是相同的能量在遭受不同性质阻塞时的不同呈现。有趣的是，我们会选择给这些干扰命名，各种情绪都被赋予了不同的名称。

目前为止，我们讨论的仅是能量流一次只撞击一个阻塞的情况，而阻塞越多，干扰就越复杂。最终，干扰会开始相互撞击，产生非常复杂的能量模式，这就是内心的感觉，这也是为什么情感如此强大以及往往相当复杂。你之所以会爱什么或恨什么是因为你心里有一些模式，它们会在不同的时间产生不同的能量流。在某一刻，是什么念力被最大限度地激活会决定什么是最影响你的能量流。这就是说我们人类是难以预测的复杂生物的原因。

不幸的是，事情会变得更糟。在某个时刻，足够多的念力会被推入内心，这样你就会完全被阻塞，感到疲惫又缺乏灵感，那种向上的能量流不再支撑你了。这就是念力的力量，它完全掌控了我们的生活。

记住，你的能量总是试图流动的，如果不能流动那就一定是被阻塞了。就像在潮湿的河流里，水流会试图在阻塞处找到一条路。在某种程度上，一些能量可以绕过阻塞，你会感觉到一些力量。但这种能量流能否继续这样流动受到其能力的制约。如果发生的事情刺激了另一个存储的阻塞，能量流就会受到影响。这就是为什么人们有这么多情绪，以及为什么没人相信人们的行为会是一贯而稳定的。等到能量流设法找到一条狭窄的道路通过那些储存在内心的东西时，我们对于世界要怎样才能支撑那股流动的看法已变得非常狭隘。我们的整个人格，包括那些特别的好恶，都不过是能量设法找到的道路的体现。我们感受爱、快乐和灵感的能力取决于有多少能量能够冲破阻塞。

现在你明白了为什么内心如此敏感。心的打开或关闭取决于能量绕过阻塞的能力。请留心于此，否则，心的打开或关闭就会控制你的人生。假设你在和某些人谈话，这时他们开始讨论一个曾让你产生阻塞反应的话题，你的心就可能会关闭。如果你这时的反应是离开，并避免以后遇到他们，那么阻塞就掌控了你的生活。同样，如果有人开始和你谈论一个曾让你心门打开的话题，你就会突然觉得他们变成了你最好的朋友，你会想要更多地和他们在一起。

让内心的开放和关闭来掌控你的生活一点也不灵性。你不是在真实地面对自己，而是在忠于阻塞，这就是你的精神状态。**精神状态是所有阻塞的结果，也包括能量如何设法流过那些阻塞。**能量流的波动让心发生了改变，你的想法也会随之改变。这其实让人很不好过，因为你会最终在那里迷失。那些储存的阻塞会支配你的生活，但生活不该是这样的。你的人生没有任何意义，只是在盲目地劳碌。那样的人生没有真正的目的、意图或方向，一切都只是为了减少痛苦和感受一种周期性的兴奋。这些念力来自过去，是你以前没能妥善处理的一些东西。如今它们决定着你的当下，如果大意的话，它们还会决定你的将来。

我们现在讨论的事至关重要。这些存储模式将决定你去哪里，什么能激励你，跟谁结婚，以及是否离婚。是这些存储模式而不是你在决定着人生路径。在你排除杂念一心关注意识之前，都只能被自己的思想和情感控制，而它们都是由念力决定的。你当然有过这种经历，只要流过内心的能量模式稍有移动，一切就会改变，接下来你就发现自己要离开配偶或辞职。这些存储模式代表了你的存在的最低级的部分，你在处理生活中的过往事件不够成熟、不够完善时都会导致存储模式的产生。这些模式被困在你体内，现在正在决定你的能量流和对生命的整个感知。

理解这些阻塞的影响有助于解释为什么做出个人决定会如此艰难。你想要看到的是一个个选择会让你感觉如何。"我是应该嫁给他，还是等到事业有成再说？"你用这些想法来看不同的选择会如何在阻塞中改变能量流。问题是你有那么多的相互冲突的阻塞存储在那儿，并不清楚到底该怎么做。当然不清楚，因为你想要用混乱的内心来帮助你得到一个清晰的回应。同时，你也注意到这些想法和情绪一直在变动。重要的不是该怎么做，而是谁在注意到这一切？是同样的那个意识觉知到了内心正在发生这一切。你的内心可能有很多念力，却只有一个你，只有一个意识在注视着所有这些相互竞争的模式并对之认同。

当你成为一个全方位的预言者时，也即是唯一见证内心所有事

第 23 章 能量流之舞

物的人时,你就是中心,你心如明镜,你是自由的。但当你不是身在见证人之位,存在的感觉分散于不同的内在模式中时,事情就会变得混乱。那就像是能量穿过你念力之域时所选择的每一条路都形成了一种稍有不同的个性。在这个朋友身边时,你是这个人,和另一个人在一起时你又变成了另一个人。当你面对不同的人时,甚至心中所想都可能完全不同。你可以看看回到小时候的家中或在高中同学聚会时发生的事。环境会刺激过往的念力,回到那个环境中时你也开始用以前的方式思考和感受,神奇的是在那种情况下你能与不同版本的自己自在地相处。

在这种状态下人们会想要努力找到自我,他们觉得必须在这些不同的个性中找到真正的自我。答案其实很清楚:你不等同于任何一种个性,不要从中挑选一个,然后让那个选择决定你的人生。你所有的想法都属于你自己,你就是那个体验这所有想法的人。这些变化着的能量流没有一丝一毫能与你等同。

身处这些内心的混乱中时,你是很难知道该怎么办的。唯一持久的解决办法是要意识到一直是同一个你在注意到这一切,是你在意识到想法和情绪的改变。这种事对所有人来说都很常见,放轻松,做那个注意的人就好,做那个看见的人,这就是自我实现的方法。

第 24 章
情绪的缘由

— ∗ —

核心能量流与阻塞产生碰撞时，就会产生情感。要理解这一点可以想象一下走到一条没有阻碍的小溪边，溪流中没有岩石或其他阻塞物，在这种条件下，溪流中的水会均匀而不受干扰地流动，没有涡流、喷流或与之交汇的水流。这股清澈的溪流就类似于你的核心能量流，或者沙克提。这些流动非常纯粹，在自然状态下不断向前。如果我们把石头放入水流中会怎样呢？突然间就会出现明显的混乱，在水流与石头撞击之处会有涡流、分流和喷流。一块石头便能引发力量的混乱。如果我们把阻塞放入沙克提中，也会发生同样的事情。这些阻塞——这些念力——为沙克提创造了障碍，因此产生了混乱。这些内心的涟漪、喷流、涡流，加上储存在念力内的被干扰的能量的释放就是我们所说的情绪。**沙克提撞击你内心的阻塞并试图释放那些被阻的能量，这就产生了情绪**。这对你正常的心流产生了很多干扰，于是你的注意力被导向受到干扰的能量。情绪，包括消极情绪和积极情绪都是被阻能量的释放。

请记住,念力之所以被储存起来不是没有原因的,那都是因为你无法处理那些过往经历。那些阻塞可能已经存在了好几年甚至几十年,当它们被一些东西击中时就会被激活,并开始释放被压抑的能量。当然,由此产生的情感和想法对你来说都非常私人化,毕竟将阻塞存留在内的是你。走进厨房,闻到一股气味,你的整个状态都发生了变化,因为你闻到了以前妈妈做饭的味道。只要一股气味就能让你突然产生巨大的变化,你的心会变得柔软或坚硬,这取决于你与母亲的关系。大多数时候你都意识不到发生了什么,而只是任由情绪来改变自己的行为。

你现在可以理解自己的情绪从何而来。当你进入清晰的状态时,就不会有情绪,存在的只有每日每夜滋养着你的美丽洁净的能量流。在后面的章节中,我们将讨论变得洁净、清晰,总是感觉很好是怎么个状态。在达到那个完美的状态之前你经历的不过是基于存储模式的能量转换所带来的一种又一种情绪。

从瑜伽的角度来看,我们生活中每天发生的事情是这样的:能量流上升,当它接近心时会做以下三件事之一。首先,如果能量在试图进入心中时完全被念力阻塞,你就感觉不到自己的心,很多人都不怎么感觉得到自己的心。他们习惯于专注于思想,注意不到内心的转变,除非转变太过剧烈。情绪混乱而又敏感,所以人们会压制情绪,他们更愿理性而非感性。没有人告诉他们,如果努力完成一些必需的事来清理内心,进入大脑的能量流会产生更多的灵感、更多的创造力,以及更直觉性的智慧。

还有一件事会在能量进入心的时候发生。能量会进入内心并打击储存在那里的阻塞。这往往会让你感到心情不好并对周围发生的事情更加敏感。然而，每隔一段时间，事情就又会进入正轨，你的心也会变得宁静。不知为何你面前的人的外貌、说话的方式或其他别的哪方面刺激了你的念力并且让你感觉很舒服。"她的头发看起来和我妹妹的一样，我和妹妹相处得真的很好。看那副眼镜，看起来就像我最喜欢的演员在我最喜欢的电影里戴的那副一样，这绝对是我喜欢的那种人。"然后你就会大声地说："人们告诉过我关于你的事，真高兴见到你。现在我见到你了，这比我想象的还好。"一见钟情就这样开始了。说的话很对，头发也很对，眼镜也是对的，一切都在将你打开。你什么都不需要做——一切都在自行发生。通过感官进入内心的刺激将念力安排得很好，并且创造了一个机会让能量出现。能量升高进入心时有机会外流并与导致它出现的一切产生联结。

我们现在讨论的是一个高度个人化和敏感的话题。你是否曾经感觉到能量开始从心中流出？是否曾经感觉自己的心与另一个人的连在一起？就好像有一种能量流把两颗心联结起来。恋爱的人可以沉默地坐在一起但美好的联结在发生。这个世界上最美好的东西似乎就是那从内心涌出将我们与他人联结在一起的能量。从瑜伽的角度来看，你所经历的就是沙克提从能量系统的第四能量中心，也就是你的**心脉轮**流出的过程。虽然这个心轮真的很漂亮，但实际上并不是那么高级，因为有七个这样的脉轮可以控制你的内部能量流。瑜伽修行者懂得，如果所有的能量都从心轮出去，它就没有能力到达更高的中心。

你将意识到脉轮就像一个 T 状管道。

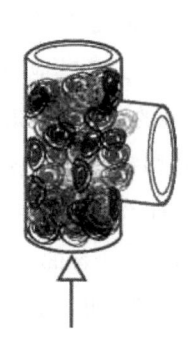

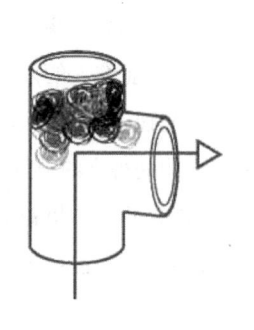

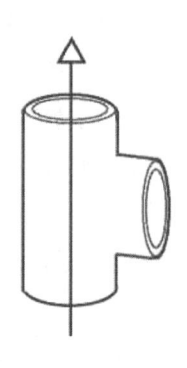

在管道底部有一个能量的进入点能被打开或堵塞。如果它被阻塞，就没有能量能够进入。如果将其打开，能量就会进入中心，试图流动通过。然而，如果上通路被堵塞，能量就将水平流动，并与激发这个开放体验的任何东西连接。作为人类，我们真的很喜欢能量从心流出的这种体验。事实上，我们不是将其称为"**喜欢**"，而是称之为"**爱**"。这种体验就是人类之爱，不要担心，灵性无意把它从你身上带走。爱很美，但也要知道爱有更高级的表达。

这就引出了能量升高抵达心时可能发生的第三件事：能量可以一路畅通无阻。在旅程中的这个时刻，你所要理解的就是如果能量流过了第四中心，在那里得到的能量体验会远高于人类之爱。这并不意味着你不与人和事物接触，而是说你在非常深刻的层次上与之联结。人们说人生的意义就在于与人类的联结，那是因为他们还未体验到更高级的中心。这就像说生命的意义在于食物或在于亲密关系一样。是的，那都是些美好的经历，但是它们都是有条件的，它们会来来去去。生命的意义远不止于此。

你还能体验到一些高级得多的能量中心，在这些能量中心，你进入得越深，生命也就越美。但如果你不会与心的中心合作，就永远不会知道更高中心的存在。要与心合作，你必须首先能够客观地观察它的打开和关闭。你会看到，来自过去的存储模式被外部环境激活，这就导致了心的打开或关闭。

以一见钟情为例。如果你是在三天前心情不好的时候遇到了同一个人，那你的心可能就不会打开。如果你没看过那部女演员有点像她的电影，那她也不会直击你的内心。重要的是你心里有一些阻塞，它们可以决定你的心在某种情况下的开放程度。只需以正确的方式说出一个正确的词语，心门就会打开；同样，只需用错误的方式说出一个词语，心门就会关闭。每个人都有不同的念力，并且念力还会随时积累，这就是为什么同样的事物让你喜欢却让我厌恶。这也是为什么在不同的时刻同一个人的心有不同的表现。很难相信情绪、吸引力和排斥如此依赖于过去，但事实就是如此。在普通状态中我们根本不会注意心中正在发生的一切——我们只是在被心随意操控。

第 25 章
心之秘密

— * —

现在我们已准备好深入探究心的秘密。从我们早期的探索中,你认识到能量可以流出一段时间然后创造出爱的感觉,你也理解到因为心的打开取决于阻塞的状态,所以能量流本身是有条件的而且通常无法持续。然而,我们是有可能一直经历伟大的爱的,做到这一点所需要的就是不断努力,消除那些使你的心关闭的因素。例如,想象一个对你来说很重要的人去世了,因为一些重要的工作,你的配偶不能和你一起去参加葬礼,你可能对此深恶痛绝。事实上,如果不小心的话,你可能一辈子都会对这件事充满怨恨。深陷这些阻碍就是在玩火自焚,你可能就此埋下了最终削弱和摧毁你与另一半的关系的恶根。储存念力是一件严肃的事情而非游戏,它会带来严重的后果。如果你想要持久的爱情就要学会更好地处理这些情况,这是我们要牢记的心之秘密。

关于向外流动的能量流我们还需要了解一件非常重要的事,那就是实际上它是一种与他人的联结。这种联结是真实的,当能量在彼此间交换时，人们就会被联结起来。这不是一种对于彼此身体的依恋，而是对人心之间能量流的依赖，因为这种能量流能让人们充满活力。

让我们来仔细看看。你的心被关上了是因为你过去储存的模式阻挡了能量流。某人的品质和特点恰好很合你意，所以你的能量找到了一条路可以绕过心中的阻塞。阻塞虽未消失，却有一条路被打通了，使得能量能够从心中流出。这种能量会流向他人，他人的能量也会流向你。在另一个人的帮助下，你已经成功地经历了不存在阻塞的情况下你有可能经历的事情。也许你曾经认为人们不喜欢你，你也没什么吸引力，但这时有一个人出现了，他总是对你充满钦佩，眼神里也有无限爱慕，这让你感觉很是自在，你融化在他的眼神里。这种经历棒得让人难以置信，过去那些古怪的感受都因此而化为乌有。

虽然这种经历真的很美好，但不幸的是阻碍能量流的念力仍然存在。能量找到了一个绕过念力的方法，但前提是与这个人的能量交换是有效的。这就像在电路里放了一根跳线，你绕过了念力，但现在对那个人非常依恋。如果他要离开你，甚至只是想到会失去他，你就会再次强烈感受到最初的念力，你会感受到自己曾经有过的潜在的恐惧和古怪，甚至可能比以前的感觉更强烈。换句话说，你已经把能量流与他人捆绑在一起，现在你的心态取决于他人的行为。在生活中，你肯定已经多次注意到这种模式，这就是人类之爱，它非常美好。但还有一种更高形式的爱，那是无条件的，且能永远持续。

在你消除念力而非仅仅绕过它的时候才能看到内心最大的秘

密。如果摆脱了阻碍能量流入并通过你的心的阻碍你就会时刻感受到爱，爱会永远充满你的身体。一旦达到了那种状态，仅仅是在心口挥一挥手，你都会感到阵阵狂喜的爱的波浪涌遍全身，爱之体验就是这么简单，爱将成为你存在的核心。现在去分享吧，尽一切可能去分享你感受到的美好的爱。无需依赖或要求你就能做到，因为你的爱不再依靠任何人或事物，你的内心就是完整的，我们称之为**自我显现**。为达到这个伟大的境界，你必须做一些必要的事来释放念力，而不是不断试图寻找绕过它们的方法。

现在你对心的内部运作方式有了更多的了解。到目前为止，我们关注的是能量如何流经心的下部或者如何被阻塞。我们可以称这部分心为**人类之心**，因为根据其开放程度，能量流可以创造出人类所有的情感。被阻塞在心的下部的能量可以被体验为嫉妒、不安全感或渴望的痛苦，甚至愤怒也是强大的能量流撞击心的阻塞并喷射出的结果。另一方面，如果心足够开放，使得能量能够到达心脉轮之中，在那里它就可以水平流出，能量就会被体验为人类之爱。所有的能量都是一样的——唯一的区别在于它是如何被阻挡的。

当向上的能量流强大到能够穿过心的中部而不水平流出时，就可以体验到心的另一个层面。念力必须足够稀薄，能量流必须足够强大，才能够穿透心脉轮的中间部分。这种情况发生时，能量会流入心的更高部分，并产生一种纯净之爱、力量和整体幸福的永久体验。现在我们已经走出人类之心，进入真正的**精神之心**。当沙克提流经第四脉轮的更高部分时，你将开始感受到被描述为"神"的存在，这就是伟大圣人们所经历的。在这个时刻，你体验到的不再是作为人类的自我而是能量的存在。你会开始感觉到爱是宇宙中的一种自然力量,那不再是对某人的爱而是从内心滋养着你的爱的力量。一旦把心打开到那个程度,只要你选择把意识集中在爱而非下部自我的残余上,内在就永远是美丽的。

我们现在知道敞开心扉意味着什么了。在每个层面上,它都意味着停止关闭。心的自然状态就是开放的,就如小溪里的水的自然状态就是自由流动。如果有什么东西阻塞了水流,不要浪费你的时间试图让水绕过阻塞物——直接清除它。沙克提在心中的流动也是如此——只要移除阻塞,爱就会成为你的自然状态。

清除阻塞就是心灵的净化,亦是生命的真谛。当你移除阻塞,能量将开始自由流动,爱将不再是你需要或寻找的东西。在这个阶段,爱与他人无关,也与你手上的工作无关。你会一直感受到爱和灵感,你会发现你的存在的自然状态就是爱你做的每件事和见到的每个人。实际上,因为从内心滋养着你的能量流非常强大,所以你必须克制自己才能控制对生活的热情。这就是基督说的:"人活着,不是单靠食物,乃是靠神口中所出的一切话。"(太四:4)你不再只是依靠外界之物生活,你的能量来自内在,来自它的源头,毫不费力。

心是万物中最美丽的事物之一。随着时间的推移,只要不断努力,你终将感激被给予的一切,心不仅可以用无条件的爱供养你,也是通往更高中心的大门。

第25章 心之秘密

第六部分

── Ⅵ ──

人类困境及其超越

第 26 章
人类困境

— ∗ —

关于生活质量最有意义的问题不是你拥有什么或者做了什么，而是你的内心状况。这样的感受能引起大多数人的共鸣："有些时刻如此美好，拿什么我都不换，但也有一些时刻，我一秒都不愿持续。总的来说，我努力让内心保持一种还不错的状态。"这就是人类的困境。

对大多数人来说，这是对内心状况的合理描述。到目前为止，我们的讨论已经为理解为什么会这样奠定了基础。在我们的一生中，我们在内心储存了一些模式，也就是念力，它基于我们所抗拒的过去的经历。然后我们用这些存储的模式来建立自我概念，这包括好恶，以及如何让世上的事情根据好恶相应展开。如果我们的努力有所回报，内心就会好过；反之，则不会好受。

重要的是要明白，每个外部事件都是聚集在一起创造这个事件的所有能量的表现。当这件事的能量流进入你时，它必须流经你的思想和心灵，然后最终融入你的意识。当你用意志阻止经历通过时，能量流就必须找到一种继续流动的方法。能量无法静止不动,能量就是力量,当它击中意志的阻力时就会被迫绕着自己转,这是能量停留在一个地方的唯一方法。圆圈是强大的创造形式,能使物体保持运动却不前进,这就是念力形成的方式,这些来自过去的储存模式一直在试图释放,但你一直在有意识或无意识地把它们推回去。

现在,你可以看到念力是如何支配生活的了。首先,它们会自己冒出来,这本身就造成了痛苦。为了避免这种情况,你必须投入生命的一大部分去创造一种让自己内心平静的环境。你最终只能依靠自己聪明的头脑来弄清楚怎样才能好过,大脑通过想象什么对你有用来做到这一点,那都是它的编造和自以为是。这些想象的想法出现时,你可以感受到它们是如何影响阻塞的。你想要知道什么样的世界才是最适合你的。"如果这个人就是那种人呢?""如果那个人没有对我说那些话会怎样呢?""如果我换工作当了老板,人们得听我的,而不是我听他们的,那会怎么样?"大脑中发生的一切都源于你在试图匹配那些会让你感觉更好的存储模式或者避免那些会让你感觉更糟的模式,无论哪种情况都是存储模式在掌控你的生活。不要为此难过,几乎每个人都这样,而且一直都这样。

你现在对我们所说的困境有了更深刻的理解:**你身在其中,却不舒服,因为你已经形成了一种概念,认为非得达到某种情况才会舒心。**如果不小心的话,你将费尽余生以满足这些需求。关于这种负担的一个完美例子就是人们随处可见的担忧行为。你为什么要担心?只有两个原因:你要么担心得不到想要的,要么担心得到的是你不想要的。这驱使你到外部世界去寻求办法,以满足需求。但不舒服的根源是你来自过去的储存模式。你决定做一些外在的事情来安抚这些内在的模式,这并没有使你摆脱储存模式——实际上反而加强了你对储存模式的投入。久而久之,储存模式会继续烦扰你。

假设你因为生命中没有特别的人而感到孤独。这听起来很正常,但事实是,想要有一个特别的人只是一种为解决孤独而进行的尝试,并非解决问题的关键。这就像你没好好吃饭于是胃痛,你开始找胃药,如果有人问你为什么胃痛,请不要说是因为你找不到胃药。寻找胃药是为了缓解胃痛,不是胃痛的原因。胃药可能会让你暂时感觉好些,但除非你改变饮食习惯,否则胃痛还会发生。你会发现,你为缓解自己的不适做的许多事情都是如此。

最终,我们会清醒过来,意识到仅仅弥补错误是不够的——我们必须解决的是导致不舒服的根本原因。人的内心有一种状态总是充满爱和幸福感,尤迦南达称之为**永远崭新的快乐**。你不会厌倦这样的快乐,它会不断向上流动,带来一种全新的美的体验。解决内心所有问题的方法就是这个——让内心变得美丽。不要认为新的工作、新的亲密关系、更多的钱或受大家欢迎就可以让你内心美丽,你需要的是一些必要的内心的功课。注意,你的问题都是这样开始的:"我在这里不舒服。"如果没事你就不会担心和抱怨了,而只会享受正在经历的美好体验。

享受内心状态并不意味着外界什么都不发生。没有人告诉你不要与外界互动,但你不应该为了解决自己内心的问题而与外界互动,因为内心的阻塞是无法通过外界来解决的。外界所能做的只是暂时允许能量绕过阻塞,或者不与其发生猛烈的冲撞。这能减轻压力,但并不能消除阻塞。

努力释放内心的阻塞，而不是与生活斗争以得到自己想要的，这会让你感觉好像有什么被剥夺了。但如果被夺走的东西只会给你带来痛苦，那这种剥夺就不是问题。如果你正在吃的东西会让你生病，而有人想给你使你健康的食物，你就必须首先停止吃那些不好的东西，这并不是放弃而是简单的智慧。着手解决内心问题并不意味着不结婚、不工作或者不全身心地投入你所做的事情中去。所有这些事你都可以做，但不要以解决内心问题为目的。**如果对内心问题的回避定义了自己所做的事情，那你所做的一切都不过是在向外界表达你的内在问题。**假设一个心理学家拿着一个罗夏墨迹，而你对看到的东西感到不安，那解决方法就是告诉他不要再拿着那张纸吗？那也太荒谬了，那样你解决不了任何问题。然而，试图通过重新安排外部环境来解决内心问题正是每个人都在做的事。

第 27 章
范式的转变

— ✳ —

每个人都想改善自己的生命体验。人们总是在寻找更多的快乐、爱、灵感以及意义——问题在于如何实现。让我们来做个实验，想象有一股强大的力量要求你写下一些事情，这些事情的发生决定着你是否能完全享受生活。如果你和大多数人一样，就会写下新房子、亲密关系、高薪工作或者是去世界上你最喜欢的地方度假一年，诸如此类的事。写完后你会很兴奋地上交清单，并去实现你的愿望，不幸的是，你得等一会儿，因为我们要深入研究这个实验。

如果你仔细检查这个清单就会发现这并不是你真正想要的。假设你写了想和爱的人结婚，想在毛伊岛举行婚礼，举行仪式时四周围绕着天堂鸟，婚礼之后你想住在一栋漂亮的、全款买下的房子里，可以俯瞰大海，车道上停着两辆豪车。这是你从小就有的梦想，问题是这并不是你真正想要的，大脑捉弄了你。假设婚礼、房子和汽车都和你想要的一样，但你的配偶变成了一个真正的混蛋，你受到了恶劣的对待，从一开始就很明显这将是有史以来最糟糕的婚姻。除此之外，你还是天主教徒，所以不能离婚。你还想要那个婚礼吗？不太可能。所以你想要的并非婚姻，而是以为婚姻会带来的美好经历。那为什么不主动寻求美好经历呢？

同样的道理也适用于新工作、银行里的百万美元以及他人的尊重。好吧，你可以拥有这一切，但如果你因它们产生的压力和痛苦而感到苦不堪言呢？你会希望做回以前的工作。你真正想要的并不是工作、金钱或者他人的接纳，你想要的是你以为会随这一切而来的东西——幸福与快乐，一种非常幸福的感觉。为什么不去追求一种你所感受过的最高水平的、不间断的关于爱、美、灵感的内在状态呢？

你在用自己最深刻的过往经历定义快乐，但这并不是什么好办法。很多人都已经拥有你在清单上写下的东西，但他们并不总是快乐。任何经历都无法让你在每一段时间内感到完全满足，你总是想要更多。你这一生都在说："如果得到了想要的，我会感觉很好；如果不想要的都能不要，我也会感觉很好。"你一生都有一个清单，什么时候你才能意识到这行不通呢？如果你一生中每时每刻都一直在做一件事，而且你现在也还在做，显然这是行不通的。为什么不直接找到根源然后说："我想要的是感受爱和喜悦，我想要的是每一天每一刻都能像曾经感受到的一样感到完全的幸福，从我所做的每一件事中获得灵感。"这些才是应该写在清单里的，让我们把它交上来。

我们实验结果的有趣之处在于，它带领我们脱离世俗，进入灵性的本质。并不是说世俗就是一个消极的词——它只是意味着你认为答案就在自己面前的这个世界中。为了自己以为想要的东西而走入这个世界并没有什么不对——只是这行不通。你试着在外界找到与

活出不羁人生

自己的"当日念力"相匹配的东西。一旦你得到了想要的，或者避开了不想要的，它就不再是你主要的愿望或最大的恐惧了。一旦这个问题解决了，总会有下一个问题浮出水面。

最终，你会醒来，你意识到自己想感受爱。这并不是说你想爱某人或让某人爱你——你只是想时时刻刻感受到爱。如果你的爱不依赖任何人或事，它就能永远持续，我们称之为**无条件的爱**。伟大的瑜伽大师梅赫尔·巴巴教导我们，爱必须发自内心，不能被强迫，也不能依赖于任何事物，这就是纯粹的爱。另一种状况是，你将遇到临时的状况，它恰好与你的存储模式相匹配，但不幸的是，这并不会持久，因为你已经有了太多的念力。另外，如果你在恋爱中，对方也会有很多自己的模式，并且和你很不一样，这就是人际关系如此复杂的原因。不仅每个人过去的念力不同，而且人们每天的体验也都不同，这使得他们的差别越来越大。如果你的伴侣在工作时被人凶了，那他回家后的表现跟他工作时与人相处愉快的时候就会不一样。而你，当然也有自己的日常经历，如果你对爱的感觉取决于伴侣回家时的状态，那么你们就都有麻烦了。你处理自己的念力都已经够困难的了，现在还要处理他的问题。

不要害怕，这并不意味着你没有有意义的人际关系，美好的关系是存在的，而且它们能永远持续。事实上，它们可以变得越来越美。但它们不是念力关系——不是基于匹配你内在模式的外部世界。它们建立在无条件的爱的基础上，一旦爱在心中自由流动，你就会乐于与他人分享爱。这样的爱不基于需求或期望，而是基于一种纯粹的、无条件表达的爱。

第 27 章 范式的转变

如何才能达到这种无条件的爱和幸福的状态呢？与其试图让世界去匹配你的阻塞，不如自己努力释放阻塞，这是真正的灵性成长的秘密，这才是真正的范式转变。如果没有念力，就没有什么能阻挡你内在的能量流。你会一直感受到爱、快乐和鼓舞。如果你愿意去体验眼前的时刻，就有机会被每件事激励，事物的存在这一简单事实就足以打动你。

你只有两个选择：**要么花一辈子让世界与你的念力相匹配，要么耗尽一生来放弃念力**。如果选择后者，你就不会同时拥有世俗生活和精神生活，而只会有一种生活。工作、冥想、倒垃圾、扫地、开车、洗澡，对你来说它们都一样。同样的事情也发生在所有活动中——你都是在释放阻塞。开车送孩子去踢足球、买东西或做其他正在做的事情时，释放阻塞都同样有益。在生活中的每一刻，你要么很自然地享受现状，要么就会放弃那些阻碍你享受现状的事物。如果能放下那些限制你的欲望和恐惧，你就会一直感觉很好。放手自我，而不是为自己服务，这才是真正的范式转变。

第 28 章
与心共舞

— * —

在地球上,我们每时每刻都在与生命互动。如果我们致力于灵性成长,就必须学会利用这种互动来清除阻塞。这就不可避免地让我们回到心,因为我们在那里储存了阻塞。正如我们已经讨论过的,你的心体会到无数不同的情绪和感觉,它们都源于积累的念力。你无法处理这些情感的广度,这让你陷入了人类的困境——为了过得好而控制生活。如果想挣脱束缚、随心所欲地生活,就必须学会清空自己的心。

对拥有一颗心这一事实心存感激是心灵净化的开始。心就像一支管弦乐队,你看过没有配乐的电影吗?毫无生气,毫不精彩。一些事情在生活中发生时,心之管弦乐队就开始演奏。它所弹奏的高音和低音与眼前展开的事件相吻合,为生活增添了丰富的色彩。心不是阻塞,也不是惩罚,而是一份美丽的礼物。你愿意不要心,过着没有感情的生活吗?

正如人类的思维非同寻常,它能够让你超越感官的极限,人类的心更是非凡。它弹奏的音符可以迅速变换，你的心可以在几秒之间从狂喜跌入深深的痛苦和悲伤。它可以把你提升到一个高度，让你觉得天使的翅膀在带你飞向天堂，也可以把你带到最黑暗的时刻。这一切不需要你付出任何努力，心自己就能做到。你身上带着多么神奇的乐器啊，你的问题在于你并不喜欢心的广阔，你想要控制它，只让它弹奏你能承受的音符。

灵性是要学会感谢自己的心，感谢它创造的美丽表达。不幸的是，你会发现自己无法做到一直这样感谢它。心产生的一些振动是你不愿体验的，似乎你还没有进步到足以容纳内心的丰满，所以你要抗拒它。就像当这个世界不是你想要的样子时你会抗拒它一样，当你对于心的表达不适之时你也会抗拒自己的心。

经历灵性成长之时，你的舒适范围会变得越来越广，这使得你能够更多地应对面前的时刻。你的心也是如此，灵性成长时，通过对每日经历的尊重，你将学会变得更加自在。孩提时代第一次经历恐惧或嫉妒时你可能会不知所措，难以振作。随着年龄的增长，你会越来越习惯这些情绪，至少会尝试着去处理它们。也许一开始你顶多能做到的就是控制情绪装出一副没事的样子。虽然这种做法不一定健康，但总比完全失去自我被情绪控制更好。如果让不受控制的情绪表露出来，它就会改变你的生命轨迹——这种改变通常不是朝着更好的方向。

慢慢地，当你学会将情绪作为一种生命的现实来接受时，只要你愿意，就能让它们来去自如，这就是精神上的进化。正如身体通过万亿年充满挑战的外部体验而进化一样，灵魂也通过内心体验之火而进化。伟人并非没有情感，只是他们能够平静地面对自己的情绪，能够应对内心经历的各种变化。如果你认识的人去世了，感到失落是很自然的。如果你在乎那个人就会感到一定程度的悲伤，那是你的心在对正在发生之事做出一种和谐的表达。你的心就像一架奏出美妙乐曲的乐器，在为自己谱写一首忧伤的歌曲，问题是对此你并不感到舒服。最终你会意识到问题不在于情绪本身而在于你无法处理这种情绪。我们一次又一次地回到同一个问题：你想要耗尽一生来控制这个世界，不再感受到自己无法控制的那些情绪吗？还是想全身心投入地努力使自己感觉更加自在？

和思维一样，如果你想要正确对待自己的内心，就要理解它为什么是这样的。你可能已经注意到，心可以是敏感、不稳定、难以相处的。心之所以这样是因为你没有处理它产生的自然情绪而是在抗拒那些情绪，这就使得它们的能量被储存在了你体内。现在麻烦大了，把思维模式拒之门外就已经够糟糕的了，你还对内心的振动置之不理。这些被阻塞的能量模式正在使你的心完全混乱，心失去了平衡，需要表达健康的情感时它也不再打开。比方说有人做了让你害怕的事，恐惧有时是对外部事件正常、健康的反应，但你无法控制这种情绪，所以压抑它，让它从意识中消失。后来听说那个人遭遇了不幸时，你感到的就不是同情而是释然。你的情绪不再与外部环境和谐一致，相反，它们正在释放你过去经历中被阻塞的能量。

灵性成长关乎修复心灵并使其回归幸福的状态。现在应该很清楚的是，问题并不在于外部世界，问题在于你无法掌控内心对世界的完整表达。学会应对这些表达才是解决办法和精神成长的本质。你心中的失落、恐惧或愤怒只是自我正在经历的意识对象。只要不抗拒，它们就不会伤害你，实际上这些经历会让你更加充实。**只要不抗拒，每一次经历都会让你变得更棒。**

与内心的表达达成和解吧。自在地应对那些让人不舒服的情绪似乎很难，但其实你已经有过这样的经历了。以莎士比亚的戏剧《罗密欧与朱丽叶》为例，作为一部悲剧，它并不好玩。假设一个莎士比亚剧团途经小镇，表演《罗密欧与朱丽叶》。他们的表演很精彩，以至于你都看哭了，并感到一种前所未有的解脱。这场表演令人揪心，接下来你会做什么呢？你叫所有的朋友都去看。你说："那后来三天我都在哭，真是难以置信，我被深深感动了。我从未感受过如此纯粹的悲伤，我想再看一遍，你们都应该跟我一起去。"如果一场类似的悲剧发生在现实生活中，你只会终生感到伤痕累累，而不会赞美这种情感的深度。这就是接受内心表达和抗拒内心表达的区别。

造物主在你体内放了一支完整的乐团，那是免费的。这让生活变得更加有趣、充满活力。学会享受自己的心，停止抗拒，这不是让你在情绪中迷失自我，而是像欣赏美丽的日落一样去体验情绪。你什么都不必做，只需让夕阳照进来。你只是让觉知意识到它面对的是什么，有时是美丽的日落，有时是失落的情绪。过程都是一样的：意识是在感受意识的对象。你不会紧抓不放，也不会压抑，你只是在感受。

无论对象是什么，如果你紧抓不放，它就过不去，如果你压抑，它就不变，如果它不变，现实就会被扭曲。面对生活，你的心态不再开放，你对事物抱有好恶。这些念力是强大的能量包，它们扭曲了你对生活的看法，让你不断地为此付出代价。思想和情感被压抑时，它们就会在原地腐烂。它们还会不时突然出现，给你的生活带来严重问题。这是弗洛伊德的学说，几千年前奥义书也曾这样教导过。学会与自己的内心和平相处，是从我们所有人身处的人类困境中解脱出来的重要一步。

第 29 章
既非抑制亦非表达

— * —

你不想抑制情绪,同样,也不愿让它主宰生活。抑制和表达之间有个神圣的地带,那就是纯粹体验。在这种状态中时,你既不会向内抑制情绪又不会将其外露,而只是乐于体验来自内心和大脑的能量。死之悲哀与生之喜悦都涌入心灵,滋养灵魂,它们触碰到了你存在的核心,不是你触碰它们,而是它们触碰你。你别无选择,这一切都是"神"的礼物。头脑可以自由思考,心可以自由感受。所有这一切都让你心平气和,心怀感激,这就是生活的真谛。

但是你无法处理某些想法和情绪。你抗拒它们,然后围绕你储存的一切建立一个精神世界。在这种状态下,只有得到了想要的,避开了不想要的,你才会心存感激。最终你会清醒过来,意识到自己有任务在身,真正的任务。这项任务与外界无关而是关乎内心,它成了你的精神实践。为了得到你真正想要的——快乐、爱、热情和对生活每时每刻的激情——你需要释放这些储存模式。问题是,虽然从理智上来说你明白了这一点,但大脑很快就会反击,这是因为内心的路径不符合大脑的习惯模式。

大脑目前拥有的信息是以过往经验为基础的，所以大脑总是认为自己是正确的，这也是困境的一部分。你要理解大脑总是认为自己是对的。你的头脑并不傻，它清楚自己的经历，对于自己没经历过的事情却是全然无知，但未经历的那部分构成了一个更加巨大的、无限的知识体。这就是为什么老子云"智者不争"——为什么呢？你有你的观念，别人有别人的想法。别人一生所接触的信息支持着他的想法，你的想法不同也由自己接触的信息决定，对此你无能为力，只能谦虚地认识到任何时刻你所接收的信息都不到全部信息的0.000 01%，这毫无意义，因为这些信息也就聊胜于无。本质上说来，你有一大堆零零碎碎的经验，但它们加起来也就约等于零。个人思想总是自我陶醉，从来不肯面对真相。

深入的灵性教导拥抱真相。它们让你面对眼前的世界，意识到那一刻出现在你面前需要耗费数十亿年。接受现实，珍视现实，向现实臣服。首先我们要接受而非抗拒现实，这与做或不做任何事无关而是要放弃最初的抗拒。你看到了那里的事物，然后放下所有因为储存的念力而产生的东西。你的大脑会不可避免地开始谈论好恶，不要理会，你听它干吗呢？这只是你的个人阻塞叠加到现实上而已。

现在你能够理解自己所接受和臣服的对象就是现实。现实之外，别无其他。现实就是真相，至少当时如此。那是真相与作为过去心理印象的遗留思想的对阵。处理这些心理印象的方法就是意识到它们是非常自然的。现实会进入，会冲击你的阻塞，会成为你的大脑谈论的对象。好吧，就算这样，你也不用理会，就这么简单。如果你明白自己的大脑并不知道自己在谈论什么，还听它干吗呢？正如我们所见，人的大脑只明白自己收集到的信息，别的什么都不知道。与它每时每刻都错过的宇宙般浩渺的信息相比，大脑收集的数据不值一提。大脑拥有的信息**从统计学上来讲微不足道**，这就是人的想法经常改变的原因。多经历一次，想法就会改变，但有趣的是我们一直都在听从大脑的声音。

智者不弃世，他们尊重展现在面前的现实。同样，明智之人不会放弃对头脑的运用，他们只是不会听从个人的想法，因为想法总是迷失在对自身的思考中。个人想法解决不了你的问题，它只是利用有限的信息尽其所能，但效果通常不太好。

在内心方面，智者允许内心自由地表达，但又不会迷失其中。有人说："随心。"他们一定不是指个人的心，因为心在日常生活中无处不在。幸运的是，我们可以追随更高级别的心。一旦能量流经第四脉轮，就会进入一个永远不变的更深层次的心。美丽的能量源源不断地向上流动，它带来的幸福之波如此强大，以至于你很难集中注意力。它飘过你的身体，你又回到了这超越所有理解的美好宁静之中。因为得到了想要的，于是你获得了平静，这是可以理解的。这种平静会毫无理由地、完全无条件地降临并且停留在你身上，这就是更高级的心所给予的。这是你灵性之心的礼物。

要体验灵性之心就必须学会超越个人之心。个人之心非常强大，非常情绪化。要刺穿个人之心并不容易，但也并非不可能。首先，检查你内心的表达是基于当前的现实还是脑子里的想法。过去哪里出了问题，以及未来可能出现什么问题，这样的思考会产生与现实不协调的情绪,会给你的心带来无穷无尽的混乱。积聚在心中的能量必须有释放通道,所以这些情绪将溢出到你的外部生活中,并可能造成相当大的干扰。

如果情绪与展现在面前的现实和谐一致,那通常就是健康的,并且会对你的生活质量起正面作用。当心和思想与现实和谐一致时,能量就不会向外释放,因为没有什么阻挡它们。这些畅通无阻穿过较低部分的心的能量可以被利用起来上升到心的较高部分。因为既不压抑也不表达,所以更深层的精神状态就会展现。你仍然可以对外面发生的事情有所反应,但这些行为本质上不是针对个人的,它们只是在与现实美丽的瞬间互动,服务于生命之流。

达到这种状态需要清除阻碍能量流的念力。要做到这一点,就要学会控制自己的心。这需要练习,就像弹钢琴、运动或其他任何事情一样,我们将在接下来的章节中深入探讨这一过程。这需要的是态度的改变:你开始接受事情终将发生,会触及内心,大脑会创造想法来释放积聚的能量,你承诺接纳这个过程。这种接受的态度与压抑或迷失在情绪和想法之中截然不同,我们只需要尊重自己的心,学会坐下来放松,情绪变得犹如微风拂面——我们只需体验。

感谢心的努力,把你多年来存积的念力推了出去。是你的心在努力,而你只需允许净化发生。首先,面对你一生都在逃避的事情,要放松下来可不容易。但这当然又是值得的,因为回报你的是爱、自由和不断的灵感。毕竟,你已经经历了如此多的痛苦,却收获很少。

最重要的是你是一个美丽的存在，是伟大的爱、光明、灵感的存在。你是被照着"神"的形象而塑造的，创造了整个宇宙的造物主就在你体内，但你没有意识到这一点。你迷失了方向，认为外面的世界必须是某个特定的样子才能让你感觉不错。这就是人类困境，只有学会一种更深刻的活法，才会出现有意义的改变。要摆脱这种困境，你需要做一些事，而这些事关乎你自身。引用13世纪伟大的波斯诗人鲁米的话："昨日我聪明，改变世道；今朝我智慧，念调顺己心。"

第七部分

—— Ⅶ ——

学习放手

第 30 章
解放自我的技巧

— * —

从逻辑上讲,把最困扰你的经历储存在心里是没有意义的。这样做只会在内心建造一座恐怖屋,你很难在里面感到舒适,这是所有焦虑、紧张和心理阻塞的根源,只有从根源入手才能解决这个问题。只要心中还保留着 10 年或 20 年前困扰你的东西,你就不会好受。

一旦愿意用生命的每一刻来解放自己,问题就变成了应该如何去做。信不信由你,但想要获得自由的真诚意愿比你所能使用的任何技巧都更重要。你身在其中,如果理解这些教导,你就会意识到自己不希望心中有阻塞。它们让生活变得极其困难,所以你要致力于对其放手。日常生活中有一些解放自己的强大技巧,我们将从广义上讨论其中的三个。

第一种方法叫作**正念思考**。尤迦南达曾经教导我们,每当消极想法出现时,就用积极的想法去取而代之。这是能带来改变的一个非常基本而有效的技巧。它基于我们之前讨论过的两种思想:一种是有意创造的,另一种是自动产生的。你可能注意到开车时大脑给你带来了一些困扰——那些让你困扰的想法就是自动产生而非有意制造的。现在，让我们在开车时有意制造一些正念，如果你前面的车比最低限速还要慢很多，你可能会这样想："哇，多好的放松机会啊，我不能赶时间，因为前面的人不让我赶。我想是时候注意自己的呼吸，冷静下来，学着享受这段经历了。"在日常生活中这样做是很好的，你既没有和自己的思想斗争，也不是在推开消极的念头，你只是将自动产生的想法换成了有意创造的想法。不要斗争，只是替换。消极的想法是否继续存在并不重要，你该做的是关注有意创造的正念。随着时间的推移，有意创造的想法将会取代自动产生的想法，这种事情有益身心。只需运用意志来抵消或中和念力的影响，久而久之，就会培养出更加积极的心态，更有益于我们的生活。

下一个方法非常传统，一般被称为"**念咒**"。一般来说，"念咒"是指训练你的大脑一遍又一遍地重复一个简单的单词或短语，直到把它刻在脑海里。一首歌会被刻进脑海，咒语也会被刻进脑海。我们都体验过思维的多层次性，专心听别人说话的时候，"在你大脑深处"仍然会有一些想法。人类大脑非常聪明，可以一心多用，可以在多个层面上创造思想，你可以同时意识到这些不同的层面。咒语为你提供了一层始终存在的思想，那是一个平衡、愉悦、安全的休息场所。咒语在背景中毫不费力地进行时，它让你能够选择自己想要专注于哪一层思想。当习惯的思想从念力中冒出来时，你不必与之斗争，甚至不必把它们替换掉，你只需把自己的意识转移到咒语上。正念使你能够不断地用意志中和消极的想法，而咒语则让你用意志去把意识的焦点从念力产生的思想转移到咒语本身。

咒语是一种恩赐，它就像一个自带的假期。如果你做了必要的事去把咒语灌输到头脑的某一层，生活就会改变。首先，咒语不必是唵南嘛湿婆耶或唵嘛呢叭咪吽那样传统的梵文咒语，它可以是指代上帝的名字或词语，如耶稣或阿多乃。事实上，上帝、上帝、上帝，这就是一个非常强大的咒语。如果这一切对你来说宗教色彩太浓，那你也可以在脑袋里想：一切都好、一切都好、一切都好。如果你一整天想的都是这些，那该多好啊！

　　把咒语注入头脑并不困难，只需要不断重复。你可以开始在每天早晚的修行时间里练习咒语，即使15分钟也会有很大的收获。一个很好的技巧是把咒语与一呼一吸联系起来。然后在这一天当中做某些事情的时候再次练习。例如，你可以在拿起电话之前和放下电话之后重复念几遍咒语。这只需要一点时间，但你为成为一个更有意识、更从自我出发的存在做出了重要的付出。上车或下车的时候，进入或离开房子或办公室的时候，都可以这样做，别人根本就注意不到，但这些短暂的停顿随着时间的推移将会改变一切。吃饭前念咒语，如果你是独自吃饭，可以在咀嚼食物的时候在内心重复咒语。把念咒变成一种游戏——在日常生活中，你可以设置多少重复发生的事件来提醒你练习咒语？有一个使用智能手机的好办法是这样的：设置一个重复闹钟来提醒自己念咒语。久而久之，你会训练头脑让咒语成为日常生活的运行背景。

　　即使你已经对自己做了这些事，命定的一天也会不可避免地到来。有些事情会发生，然后你的情绪或想法会变得不安。你会处于失控的边缘，但咒语会吸引你的注意力并给你选择——向下或是向上。你立刻将意识从混乱转移到咒语上,生活就此改变。咒语不会阻止你产生建设性的想法,它就像一张安全网,可以在你跌倒时接住你。当你花时间真正地进入咒语中时,你就会变得平和而幸福,就像一个抛开个人想法的假期。如果在坐下来的那一刻,你又回到了咒语的怀抱中,紧张和压力都消散了,你会怎么想呢?这些对你来说都是免费的,只要愿意为自己付出就行了。注意,有了咒语,你就在学习放弃个人思想对自己的控制了。

我们要讨论的最后一个解放自我的方法通常被称为"**见证意识**",它是一种包括放松和释放的有力的练习。见证意识比其他方法更加深入,因为它不需要与大脑合作。正念思维是指创造积极的想法来取代消极的想法。念咒涉及创造一个思维层,它能提供一个和平稳定的环境以超越较低的层次。见证意识则只是注意到你正在关注头脑当下的行为,你不需要与之互动,也不需要做任何事。你只需要注意大脑在创造想法,你对那些想法有所觉知。为了做到这一点,你就不能被正在产生的思想干扰,如果受到干扰你就会离开客观观察的位置,试图改变那些想法。要想真正做到见证意识,你就必须愿意让这些想法顺其自然,并且意识到你对它们的觉知。

如果你想体验真正的见证意识,只要看看前方。看到那是什么了吗?不要思考,只是看着它,这就是见证意识——**只是看**。你只是在见证那里的一切。现在,转过头看看周围,练习只是看的即时性。注意,你经常会对自己看到的东西产生想法,你能像看外界事物一样单纯地注意这些想法吗?还是说必须对它们做点什么?思想、情感——它们会自己冒出来。很好,现在只需注意它们。

当你进入那种观察自己头脑和内心的状态时，你会注意到自己并不总是对内心发生的一切感到自在。更重要的是，人们总有一种想要任性地干点什么的倾向，这都很自然。如果你想故意做什么，可以这样来做——放松。当然直觉不会告诉你应该这样做，你想通过摆脱内心的困扰来保护自己，这种挣扎只会让情况变得更糟。你有能力单纯地放松，不与被扰乱的能量接触。起初，这看起来似乎是不可能的，因为你试图放松干扰本身，不要这样做，要放松**你自己**。你注意到了干扰但你并非干扰本身。你正在目睹干扰，欢迎你在它面前放松下来。

你处于内心深处，在觉知之位，你注视着头脑和心灵的舞蹈。内心深处的这个地方非常自然。如果你不想被卷入这些想法和情绪，就放松并注意。别想了，当你看到发生了什么时，放轻松好了。放松你的肩膀、放松你的腹部、放松你的臀部，最重要的是，放松你的心。即使心本身不会放松，它周围的区域也会放松。你有意志力，把它用起来啊。你可以这样对待自己的意志力：放松和释放。首先，克服最初的阻力来放松，然后释放出现的干扰能量。这样做的时候，你实际上是在为释放造成干扰的念力提供空间。你给了它们更多的释放空间，因为你不再纠结它们创造的想法和情绪。最终挣扎已不存在，因为你在自我之位和纷乱的思想之间形成了距离。要获得自由你就需要在主体和客体之间保持距离。

灵性不是改变你所观察之物，它是指接受事物，但不被它们卷入。那是一种超脱之感，无论你的思想和心灵如何，你都能感到平静。当你对来自心灵与思想的一切都感觉很舒适时，它们就不再制

第30章 解放自我的技巧

造内心的不安。你现在还对此一无所知,但这是事实。人们经常会问,一旦平静下来,大脑里是否还会有说话声。大脑之所以说话是因为你不舒服,它试图弄清楚如何让事情以你想要的方式进行。一旦你安然自在,说话的声音也就消失了。面对自己的爱人时,你不会去想如何找到爱而只是体验爱的美好。同样,当你身在其中感觉良好时就不会去想如何让自己感觉很好,而只需放松进入平和幸福的安静状态,这需要你坦然面对自己的想法和情绪,在它们面前放松是与之相处的良好开端。如果不能在思想和情绪面前随意放松,那你就必须为它们做点什么。你会陷入其中并试图做些什么来解决困扰你的事。最好只是纯粹地放松,让念力获得它们释放所需的空间。当你放松并回归见证意识时就是在向当下的现实臣服。

首先放松,然后倾斜。你与你所注意的事物是有距离的,你不用想着它。只要注意到你看到的东西、思想和情感都是截然不同的,离你有一定距离。现在,远离它们产生的噪声,思想和情绪会产生噪声,这没什么。你只需放松,远离噪声。当你远离它时,你就在**你**(意识)和意识的对象(思想和情感)之间创造了距离,在那样的距离里念力就有了释放能量的空间。这让人不舒服,这很自然,被释放的念力产生了你所感受到的不适。念力满含痛苦,痛苦与念力被一起释放——如果你允许的话。这种痛苦能终结一切痛苦。

第 31 章
易摘之果

— * —

释放痛苦的最好方法就是多加练习。就像弹钢琴需要练习音阶、熟练一项运动需要训练一样,你也得通过练习才能学会释放。从简单的事情开始,我们称之为"**易摘之果**"。每天你都会因为各种情况毫无理由地制造内心的不安。为前面的车而烦恼没有任何好处,它只会让你紧张不安,其成本效益分析是百分之百的成本和零效益。放弃这种倾向看起来很容易,但事实并非如此。你会发现你已习惯了坚持和要求事情呈现出自己想要的样子,即使这毫无理性。事物之所以是现在的样子是由所有的影响因素决定的。抱怨是改变不了天气的,如果你明智的话就会开始改变自己对现实的反应,而不是与现实为敌。这种做法将改变你与自己以及和其他一切的关系。

从小事开始,向自己证明你有能力做到这一点,在这个层次上与自己合作就是练习放手。一旦你能够在相对简单的事情上放松和释放,你就会发现自己能更好地处理更复杂的情况,你是在训练自己更好地与自我相处。

生活中很多不同的经历都属于易摘之果。你可以从自己与天气的关系上找到一个放手的好方法。信不信由你,你可以利用天气来获得巨大的精神成长。天气中总是存在:热、冷、风、干、湿,以及介于两者之间的一切。天气与你无关,它只与使其变成现在这个样子的力量有关。如果你不能毫无困扰地对待天气,又怎么处理其他事情呢?对天气的抱怨是百分之百付出和零收益的绝佳事例。那有什么好处?除了让自己生气,得不到任何好处。"我受不了今天这么热、天气太糟了、我汗流浃背,我讨厌这天气。"恭喜你,你今天过得很糟,而这也不能让天气有丝毫改变。

最终,你开始从自己着手。大脑抱怨天气时,不要和它作对,如果愿意,你可以进行正念思考。例如,当大脑开始想"天气很热,我太热了"的时候,不要纠结这个问题,而是问问自己:"天气是如何变热的呢?'天气很热'又是什么意思呢?"提醒自己,有一颗9 300万英里外的恒星温度很高,你可以真切地感受到它的热量,这多么神奇啊!用你更高层次的心灵去欣赏和尊重现实,而非抱怨。这样做的时候,你将充分利用头脑做一些积极的有建设性的事情,这是在提升自己。

虽然这种积极思考的实践是有益的,但最终,你需要做到的是放松以及释放干扰。如果你愿意放松和释放的话,就不会感觉这么热了。毕竟,身在其中的**你**不会变热——你只是体验到身体是热的,处在更深处的你见证了高温的体验。如果放松并释放,回到自己的意识之座,你就远离了在抱怨的那部分自己。你的脑中肯定有怨言,我们没有理由否认这一点。但如果放松并远离噪声的来源,你就会向后倚靠在自我之座上。

有两件事会在放松和释放时发生。第一，你不再与那些让你心烦意乱的事物为敌，这就为它们的释放提供了空间。第二，实际上你是在放松并回到自我之座，你将在精神上有所成长。如果能这样对待天气、前面的车以及所有这些属于易摘之果的情况，你就会在每一天都获得成长。如果一个问题只要从内心放手就能得到解决，那它就属于易摘之果。不需要做别的，你自身才是唯一的问题，一旦放手，不再制造问题，问题也就不存在了。一旦你接受这种天气，问题就不存在了。如果你接纳那些以前自寻烦恼的无数的没有任何意义的事情，问题也就不存在了。我们就是这样识别易摘之果的。

相反，如果你已放松，但面前的事情仍须处理，那你该做的工作就不关乎内心而是与外部事物相关了。如果你丢了工作但也放下了自己的消极反应，这当然很好，但是你仍然需要找一份新工作。放手并不能免除你在生活中的责任，你放手的不是生活而是对生活的个人反应。个人反应不能帮助你以建设性的方式处理问题——实际上它们会影响你做出正确决定的能力。

当你做到这一切时就会发现内心的大部分烦恼都属于易摘之果。问题之所以存在只是因为你将之看作一个问题。你自身才是问题所在，而这是无法从外部解决的，只能从内心解决。

第 32 章
过去

— * —

你驾车行驶在街上,这时一块广告牌让你想起了过去困扰你的事情,那可能是 8 年前的事了。为它烦扰有什么好处呢?这样不过是毫无理由地毁了这一天。一件事情过去困扰过你并不意味着它还会带来困扰,毕竟那都是过去的事情了。你认为为了避免这种糟糕的事情就得记住它到底有多糟,这就好像是说你需要把吃了就不舒服的食物打包回家,这样就可以每天早上都品尝一番一样。你不会这样对待那种食物的,那为何要这样对待糟糕的经历呢?

我们现在准备好了去关注另一个非常适合灵性成长的领域,那就是你的过去。开始你可能不同意,但它也属于百分之百成本和零收益。为业已过去的事情而烦恼又有什么好处呢?事情已经结束,为根本没有发生的事情烦扰没有任何好处。另一方面,你肯定会为之付出惊人的代价:你的整个精神健康、情感健康,甚至身体健康。

相反,如果事情发生时你能让它们完整地通过,它们就会触及你存在的核心,成为你的一部分,而不会留下任何疤痕,你只需要从经验中学习和成长。一旦完全地消化了一段经历,你自然就知道如果再次遇到相同情况该如何处理了。如果小时候摸到过滚烫的火炉,你并不需要总是记起这痛苦的经历,也不需要总是提醒自己炉子很热会受伤。那样做的话你是在从经历中得到念力而非学习。不用担心,你很清楚不能碰热炉子。

同样,一旦学会一项运动或一种乐器,你就不必一直思考该如何操作——它已经成为你的第二天性,这意味着它已经融入了你的生命。它变得完全自然,你行动的时候根本不需要思考。你过去所有的学习经验都应该是这样的:真正需要的时候,它们会毫不费力地出现;不需要时,它们也不会打扰你。如果你正确地处理自己的经历,它们将永远为你服务而不会困扰你。

也许下面这个练习会帮助你理解什么叫完全地处理某件事而非让其通过你思考的大脑:只花片刻,瞥一眼你面前的景象。看一眼有多难?显然,这毫不费力,你马上就能看见。如果世界上最好的艺术家打电话给你想要画出你所见,你需要花多长时间向他描述呢?我们所说的是每一种颜色的深浅、光线的反射、木材的纹理变化和每一个细节。那个电话需要打很久,但你只需十亿分之一秒就看到了这一切。这就是仅仅观看的意识和试图处理所见事物的大脑之间的区别。

所有生活经历中都存在这种差异,当你面对一种经历时,它可以只是简单地进入并直接触及意识而不需大脑来判断它的好坏并将其存储。就像不需要"思考"你就能看到面前场景的全部细节一样,你也可以将自己的经历完整地融入自我的存在中,而不必将其阻塞在

第 32 章 过去

脑海中。**没有什么比经过完整的处理并融入你自身存在的经历更丰富的了。**

有多少往事是你不想再有精神上或情感上的干系而想要一笔勾销的呢？事实上，要想拥有深层次的灵性就不能让你未完成的过去仍然存在于心。它必须消失——不是压抑，而是消失。随着时间的推移，你就会发现当阻塞的模式消失时，余下的就是精神的流动，而那就是世间存在的最美好之事。

如何放下过去？这很简单。过去的阻塞每天都会自己出现，每当那个时候就任它们去吧。这不是游戏，很简单，当外部事件导致存储模式出现时，很好，就让它们出现吧。生活中有些事会击中你的念力。如果念力在那里，它们就总会被击中。世界适合每个人成长，但原因和你想的不同。这个世界非常适合每个人的成长是因为每个人都在透过自己的阻塞来看世界，这和罗夏墨迹实验是一样的。并不是说墨迹是为提出你的问题而量身定做的，而是你在透过自己的问题来看墨迹，并把自身的问题投射到它上面。这就是为什么同一个墨迹可以用来诊断所有病人，这就像同一个世界完美适用于每个人的成长。如果想要知道外面到底是什么样就需要摆脱自己内心的问题。

科学家告诉我们，外面真的什么都没有——存在的只是一堆由电子、中子和质子组成的原子。量子物理学家就更加直白了，他们说世界不过是一个纯能量的量子场，它同时具有波和粒子的特性，这个包含夸克、轻子和玻色子的能量场发出的亚原子粒子构成了整个宇宙。尽管你对这些粒子毫不在意，但它们创造的结构通过感官进入了你并撞击你储存的阻塞物，于是你会感到不舒服。但不舒服的是你而不是那些亚原子微粒。为了解放自己你就应该在注意到干扰的那一刻放手，而不要等到最初的不安占据你的身心之时。在真正开始生气之前你就充分意识到自己在生气了。你能感觉到的，有东西开始困扰你时，你就能感觉到。如果你想要在灵性上有所成长就应该在那一刻就有所行动。

这就是精神成长的本质。如果从自身努力你就会在内心创造一个美丽的生活空间，这比你的婚姻或家庭更重要，也比你的工作或事业更重要。你是在直接而非间接地从自身出发，这个美好的内在环境一旦建成，美好的婚姻和家庭、绝妙的工作就都会有的。但如果内心一团糟，你就会试图用这些外在的事物让自己感觉还行。短时间里这样是可行的，但你不会想把房子建在沙上。另一种选择是一旦你感觉出现问题，立刻放松，无须搞清事情究竟是怎么回事，马上放松、放手。你可以在精力层面而不是精神层面处理念力，这样要深刻得多。阻塞是存在的，但它们并不想存在，它们要上升并得到释放。臣服是放手而非通过推开阻碍来反抗。你会发现当这些来自过去的困扰出现时，你常会感觉不适。事情发生时你会不舒服——这就是你把它们推开的原因。现在它们想要释放，你打算再把它们往后推十年吗？如果你不认真对待自己的话就会发生这种事情。

最终，你会认真对待，你生活的目的就是释放这些储存的模式。受阻的过去让你无法拥有美好生活。你学会了将那些在一段关系或赚钱的事上付出的努力也投入释放这些阻塞中去。记住：这不是弃绝而是净化。这事关清理自己的内心，这样你就可以在外在和内在

第32章 过去

都拥有美好的生活。在成长中的某一刻,你会意识到放手过去的烦恼来释放自我是值得的。看看运动员为了奥运会所经历的一切吧。多年来,他们为赢得金牌而吃苦,他们会骄傲一阵子,然后呢?金牌就变成了墙上的装饰品。我们现在说的是用一点点努力来赢得一切,努力的果实将随着时间的推移而不断增长。想象一下没有那些敏感的阻塞,想象你能够享受世界本来的样子。你可以开始欣赏生活,全心全意地参与其中,这样多有价值呢?

当你愿意放下过去的时候,就会发生这样的事。这是一种非常重要的修行。你应该能够回顾过去,并说:"谢谢你。"发生了什么并不重要,记住,每时每刻都有数以万亿计的事情在宇宙中发生,但你只能体验到其中的一件。你怎么会不感激己之所见呢?你来到地球,这就是你所拥有的经历。这就是你的生活:一连串你必须体验的经历。学会喜爱和感激你的过去,全身心地拥抱它,感谢它教导了你,不要去评判它有什么不好。你的过去独一无二,它已发生,它是神圣的,它是美丽的。别人无法拥有它,将来也不会。拥抱你的过去、拥抱它、亲吻它——至死不渝地爱它。

第 33 章
冥想

— * —

许多做法都有助于你的精神之旅。行动时,你要始终记得自己意在停止存储阻塞。如果周末静修能助你释怀,那就去吧;如果一种疗法能帮助你打开心扉,释放自己,那就去吧。冥想是一种经过时间检验的有助于精神成长的做法。为了冥想,必须放下你与自己的思想和情感的传统关系。冥想有很多种形式,但一切冥想的关键都在于停止对于自己想法的过度执着。专注呼吸、数数、念咒语、感受能量——换句话说,专注于任何事物而非脑海中的想法。通过练习冥想,你会发现自己在日常生活中放手的能力大大增强了。在冥想垫上放松和释放与在日常活动中放松和释放是一个道理。最终,你会发现自己一整天都很清醒——你总是能意识到内心或外部世界发生了什么。这种清晰的存在感是冥想的礼物之一。

冥想中有很多技巧。如果还不知道怎么做,那你可以试试这个简单的练习。坚持每天抽两段时间坐下来,不需要太久,但最好是两个固定的时间点,这需要自律,让内心世界的功课优先于其他一切。

大多数人能做到每天在固定的时间吃饭睡觉,也能设法为工作和感情抽出时间。这种内心的功课比其他任何事情都重要,最终,它对你生活质量的影响会比每天所做的其他事更大。很多冥想老师都认为早晚各15分钟是个好的开始。仅仅做到这一点就会带来巨大的好处,你需要做的就是抽出时间找个安静的地方坐下。

在那段时间你会做什么呢?你不应对灵性的体验有所期待,一旦有所期待就会失望,然后就会停止冥想。你坐下冥想的原因与你坐下来弹奏钢琴音阶的原因相同,都是为了学习。如果你带着练一阵就能弹奏贝多芬的乐曲的期望坐下来的话,很快就会放弃钢琴,冥想也是如此。你之所以坐下来冥想是为了学习如何在头脑创造思想、心灵创造情感之时保持内在意识。无论是什么意识,只要你能客观地观察它,那就是好的,这就叫作**正念冥想**。

假设有人说:"我无法冥想,一坐下我的脑子就停不下来,它一直在那说啊说。"这个状态其实不错——你知道你不等同于你的思想。你观察到大脑念叨了15分钟,并注意到它没有停止,通常情况下你是注意不到这一点的。通常你会全身心地投入大脑所创造的想法中,而这一次你注意到了这些想法,还注意到想法没有停止。这本身就是见证意识的一种形式,你见证了这些想法,而不是迷失其中。不要称之为糟糕的冥想,就像你练习钢琴时犯了错,那也不是糟糕的练习。每一次练习都是关于学习,同样,也没有所谓糟糕的冥想——你只是在练习觉知自己的意识。

当然有更高级的冥想状态,那不仅仅是察觉自己的意识,但你也不应该设定期望,期望又是另一种思想历程了。下定决心,你之所以坐下是因为你选择了活在当下并从自身入手。此时没有太多干扰，于是你可以练习活在当下，事情就是这个样子。你可能不喜欢在内心看到的东西，但你正在学着与它共处，你正学着平静地面对过去会让你抓狂的事情。

要想明白灵性技巧的目的，你就必须意识到自身对思想的沉溺，你对思想依赖的程度甚于一些人对毒品的依赖。事实上，许多人开始吸毒就是为了避开头脑的喋喋不休，这也是有些人喝酒的原因——人们很难与大脑和平相处。如果你和大多数人一样，就会沉迷于脑子里出现的每一个字。如果你的大脑突然说："我不喜欢这里，我想离开"，你就会离开；如果它说："我觉得待在这里就会有好事发生，我想再待一会儿"，你就会留下。你沉溺于自己的思想，任其摆布，从本质上说，思想是你的导师，而你需要结束这段关系。

改变与思想的关系是精神之旅的重要部分。与思想做斗争或抵制思想是做不到这一点的，要做到这一点，就要学会不听信自己的想法。你是意识，而思想是意识的对象。你必须将注意力从头脑中抽离，即使头脑中有话语声时也要这样。要做到这一点，最简单的方法就是关注其他事情。一个非常常见的冥想技巧是注意你的呼吸。只需注意呼吸，久而久之你就会发现如果你一直在观察自己的一呼一吸，就不会把注意力集中在头脑上。如果尝试一下关注呼吸这个非常简单的技巧就会发现自己是多么沉溺于思想。本来你坐在那里关注着自己的呼吸，没被思想分心，但很快你就会陷入沉思，事情就是会变成这个样子。只是花 15 分钟坐在那里注意自己的呼吸，但你可能连这也做不到。很好，这就说明了你对思想的深度依赖。

第 33 章 冥想

你不再关注呼吸是因为意识为思想分心了，换句话说你停止关注呼吸转而开始注意思想。当你意识到自己在这样做时，不要自暴自弃，重新开始注意呼吸。这样做的目的是练习控制注意力，让它再次听从你的指挥。你关注的对象决定了你生活中的经历，你有权有意识地决定关注的对象。在学会远离思想之前别无选择，你只会注意到脑海里那个声音又说了什么。

你还可以往我们一直讨论的简单的冥想技巧中添加一个元素。在停止对呼吸的关注时你可能无法立刻意识到这一点，你会迷失在思想中，15分钟可能就这样过去了。为了更快地意识到自己的状态，不要只是注意呼吸，你应该为呼吸计数。一轮吸气和呼气计为一次，然后两次，以此类推。但是不要数到100，每到25就重数，这样你就能很快发现自己又走神了。一呼、一吸、一次；一呼、一吸、两次；一呼、一吸、三次；注意呼吸从腹腔的进入和排出。就这样坐着，注意呼吸，数到25，然后又从1开始数。如果你发现自己已经数到43了，没关系，从头开始数。不用迟疑，立刻从头数。这项任务需要你专注，你必须在头脑清醒的情况下注意呼吸，知道每数到25又要从1开始数。这并不需要思考但需要保持清醒。

有的人在冥想时转念珠，有的人念咒，这都是些帮助你集中意识防止走神的方式。因此，如果你懂得冥想与心灵体验无关的话，那它就会变成一件简单的事。不要担心，只要练习。如果你经常练习，就会发现念力被击中时你能够清醒地意识到这一点。现在就看你的投入程度了，每当被打扰的时候，你愿意放松和释放吗？还是你仍然需要经历另一轮对于阻塞的表达和捍卫？

第34章
解决更大的问题

— * —

真正的修行需要你为自己的解放献出生命的每一刻。生活是真正的导师，它在挑战你，让你要么远离自我，要么回到自我。生活是你的朋友，生活中发生的每件事都是一个机会，让你更好地从自我中解脱——死而后生。如果你真诚地致力于释放易摘之果，如果过去的念力被释放时你能留在自我之座，你就将成为一个更加清醒的存在。你将不再需要在艰难的对话后再回到中心，你将在整个经历中都维持中心地位。起初，这是很困难的。不断努力吧，让这成为你生命中最重要的事情——因为它的确就是。这真的是唯一合理的生活方式，这不是一种宗教技巧，这只是决定觉醒，让自己变得伟大。

如果不断放手，最终你会达到一种永远存在的状态。你将立于自我之座，余生你将永不离开那个位置，无论发生了什么，无论谁去世，无论谁离开了你。任何问题都可能出现，但你有权力决定如何应对。在事件的发生和你的反应之间，会出现你以前从未有过的时间。事情甚至是反应性的想法和情绪都开始像慢动作一样展开，这给了你放松和放手的时间。

现在我们已准备好去解决更大的问题了。放手的时候,小问题会越来越少,更大的问题会自己冒出来。你可能会开始有激烈的梦境,可能在开车的时候莫名其妙地产生强烈的情绪。好,这没有缘由,这只是能量,沙克提在试图向上推,因为你给它提供了这样做的空间。它是你最好的朋友,这种内在的能量流在帮助你,它总是试图向上推。你不需要做任何事,只需要放手。如果发生了非常糟糕的情况该怎么办呢?比如房子着火了、你丢了工作,这些当然不属于易摘之果,如果你真心想走这条路会怎么做呢?首先放手。永远要首先放弃你本能的反应。如果你心烦意乱,无法处理这种情况,那你还有什么用?如果连看到血都害怕,那你在事故现场就毫无用处。首先,放开你的本能反应,这样你才能发挥出自己最大的能力。

举个例子:有人打电话告诉你,你16岁的儿子在学校的储物柜里放了毒品。世界上是有这种糟心事的,你讨厌这件事,但必须去处理。也许你会想:"他怎么能这样对我?天啊,我做错了什么事啊?我丈夫会很生气的。我们的感情问题已经够多了,这可能会让我婚姻结束。难道是我活该吗?"你儿子的问题和你自己那些闹剧到底有什么关系?那些都是你自己的问题,你得放手,你不应该以内心问题为基础与外界互动。你心中所想与手头的问题无关,事实是你当下的境况触碰了你的阻塞,于是你对自己的问题而非孩子的问题做出了反应。如果允许这种情况发生,你的决定就会取决于那些让你感觉良好的事情,而非客观来说对你最好的事情。

如果带入了太多个人情绪,你就会试图通过避免令人不愉快的经历来保护自己,但困难的情况也为改变这种行为机制提供了一个机会。要做到这一点就要放开自己对眼前状况产生的个人情绪。放手吧,不是对状况放手不管,而是抛开自己的反应。去校长办公室,但不是为了保护自己;去吧,因为你儿子需要帮助;去吧,因为校长需要帮助;去吧,因为你是家长,儿子是你的责任。尽你所能以一种建设性的方式来提升能量,如果你沉溺于自身的尴尬、恐惧和其他反应就无法做到这一点。

最重要的是要放下内心情绪,这样你才能与面前的事物进行恰当的互动。在商界也是一样,你在开会,大家在讨论一个项目,这时你有一个很好的想法想要分享,于是你说了出来,但遭到了否定,这让你很伤心。你自然是会伤心的,因为你分享时带着自我,而自我就会感受到烦扰。在接下来的会议中,你要么因为生闷气一言不发,要么不断提出证据证明你的看法并不愚蠢。你不再属于那个会议,你之所以在那里是为了自己,而不是为了项目,工作上这样做是不行的。工作的动机应该是为了做好面前的事而不是为了自己。为了最大限度发挥自己的能力,你应该一直服务于面前的生活。

放手的过程变成了你如何对待自己,你只需决定放手还是不放手,不管你是否经常做这种选择,这都需要由你来决定。你体内产生个人思想和情感的阻塞不过是余下的念力,它们基于你过去处理不善的问题,往往把你带向错误的方向。你要学会表达更高层次的自我,表达与生活和谐相处的更深层的部分。

继续放手,整个精神之路就是要放手自我。这样做会怎么样呢?这就是我们接下来要探讨的。我们要面对的是每个人的生活应该是什么样的。不管经历过什么，不管做过什么——这都不重要。如果放开内心的念力，它们就不会影响你的生活，你就可以真正摆脱过去，这就是**不羁的人生**。它意味着放手自我，像佛陀教导的那样超越你个人的自我，像基督教导的那样死而后生。这是一切灵性教导的本质，也是真理，只要愿意建设自己的心灵，每个人都能解放自我。

第八部分 VIII

过一种接纳的人生

第 35 章
处理受阻能量

— * —

我们的内心是肯定有意识的。问题是：我们意识到了什么？几乎每个人都意识到内在不断变化的能量有时会让人不知所措。即使不理解这些能量，为了在生活中保持良好状态，人们也会要么把这些能量推开，要么试图通过外部表达将其释放。尽管这两种努力都会导致一系列问题，那也比困在其中好。

溺水时人们会怎么做呢？他们会试着抓住一些坚实的东西，比如漂浮的木板，这样就不会沉下去。这也是大多数人生活的方式，他们紧抓能抓住的任何东西，以免被淹死。一般来说，他们抓住的是身外之物。他们认为如果别人的态度更加尊重，对他们更好，自己的内心就不会这么难受。如果有人真的爱他们，对他们忠诚，那一切都会变好。问题是，如果设法得到了自己想要的，他们就会紧抓不放，而这也就会产生一些问题。更糟糕的是，如果外界不再提供他们想要的东西的话，他们就会再次崩溃。

如果你想了解一下自己为了避免内心崩溃有多依赖外部世界，

那就看看现实与你的期待不一致时会发生什么吧。一个与你非常亲近的人的行为方式与你的想法不一致时,会发生什么呢?你会忧心忡忡。即使这个人实际上什么都没做,你也会有这种感受。只要这样一想你就会非常忧虑。"如果丈夫离开了,我该怎么办?萨莉的丈夫离开了她,如果萨姆离开我,我就死定了。"只需这样一想,你就会感到痛苦不安,所有的内心的能量都变得很不稳定。为什么会这样呢?那是因为你一直试图在头脑中建立一个你可以紧紧抓住的稳固之地。只要一切都能合理地强化这一点你就会感到安全,心情也还不错。但这种对外界事物的过分依赖使你自己远离自身存在的核心。这就是我们的情况,这可不太妙。如果你想获得精神上的成长,想要拥有美好生活而非中年危机,那就需要关注内心。

你花费半生建设自己的生活、紧抓它、为它奋斗,想要过上好日子,但并未做到。这时,中年危机也开始了,你有孩子、婚姻和工作,但内心既不自由也不平静。事实证明,中年危机的出现完全合乎情理,就算有更多的人经历这种事也毫不奇怪。人生过半,你才刚刚意识到自己的这辈子过得不怎么样——生活并无改观。当然,只要配偶还不错,孩子在学校表现良好,你在工作中能得到尊重,相对来说你就感觉不错。只要拥有上述一切,而且财务状况良好,你就感觉没问题。但在内心深处,你是明白的,一切都瞬息万变,所以必须努力保持领先,这就是为什么生活成了一场搏斗。

另一种选择是清理内心的混乱。总有一天你会意识到自己并未溺水,而只是坐在一个星球上围着荒无人烟之地旋转,这就是事情的真相。卡西尼号宇宙飞船从 200 万英里外拍摄了一张地球的照片,地球只是黑暗、空旷的宇宙空间中的一个小点。你怎么会掉到最好的星球上还不舒服呢？我们用空间天文望远镜看了很多地方，没有发现任何地方拥有地球的雄伟壮丽，它们根本无法与地球相提并论。你是中了彩票啊！你降落在这个非凡的星球上，它总是令人兴奋、充满挑战、不断成长。它有各种各样的颜色、形状和声音——这令人难以置信地神奇。然而，你在做什么呢？你在受苦。为什么会这样？让你受苦的不是这个星球，而是你内心的苦楚。

一个顺理成章的问题出现了：你为什么要把所有这些储存在体内？如果要在身体里面放点什么的话，为什么不放点好东西呢？人们以收集东西为乐，有些人收集来自世界各地的勺子、茶杯、邮票或硬币，而你的想法是——让我们来收集不好的经历吧。这就是你的所作所为："我要收集过去的每一次糟糕经历，把它放在心里，这样它就可以困扰我的余生。"这怎么能行呢？如果你一直这样做，糟糕经历就会越积越多，生活将变得越来越沉重。

你真的要继续让生活如此艰难吗？**从本质上说，是你让自己不快乐，然后你又去要求这个世界以某种方式让你快乐**。如果你在内心让自己不快乐，这个世界就无法让你快乐，就是这么简单。你必须努力摆脱痛苦的根源，灵性的道路总是与放手自我有关，这就意味着要处理受阻的能量。

如果不处理，内在的受阻能量就会积累，然后需要释放。这些能量可能以愤怒、言语或身体上打斗以及其他失控行为的形式爆发释放。如果允许自己像这样无意识地释放能量，你就失去了掌控。能量倾向于沿着阻力最小的路径前进，这是由念力决定的。在你允许

第 35 章　处理受阻能量

这一切发生时，不受控制的能量就在你体内刻出通道，这将使它更容易再次以这种方式流动，能量流最终变成一种习惯。"失去掌控"之所以不好，不仅仅是因为你外在的所作所为，也因为你以同样方式再度失去掌控的可能性大大增加了，这样就可能会引起各种各样的麻烦。只要你无法掌控内心世界就会有麻烦，事情就这么简单。

理解能量从受阻到表达的过程，有助于我们对自己和他人过去的行为产生同情。同情意味着你理解人们行为的根本原因，人们在处理受阻能量时会遇到困难，在大多数情况下，没人教他们如何将能量引导到更高层次。我们的存在有一个更高的层次，那些较低的能量可以被提升到此。你能够用更高级的方式来处理内在能量，而不是单纯地退缩到一边，让它们自己表达。这也并不意味着我们要抑制能量，因为并不是只存在表达或压抑这两种选择。正如我们将要讨论的，还有第三种选择，那就是转化，这就是真正的灵性的来源。

第 36 章
能量转化

— * —

抑制会阻断内部能量，未经引导的表达会浪费力量，**转化**才是利用能量的最好方式。大多数人对转化能量一无所知，但这是灵性的本质。现在，你的自然能量流被较低能量中心的念力阻塞，当能量试图释放时，你要么把它推回去，要么让它在外部释放一些蒸汽。从长远来看这种外部释放解决不了任何问题，能量只会在阻塞后堆积。只要阻塞能量的原因没被解决，释放就只是暂时的。

能量上升时，如果你尝试将其看成摆脱它所击中的阻塞的机会，会怎么样呢？能量试图推开念力以释放它，问题在于，如果阻塞是与疼痛被一起储存的，那它们就会一起上升。不要因为无法处理这种体验而把它推下去，也不要把它们作为一种缓解的方式释放在外面，你该做的是放松和深度释放，让阻塞物毫无阻力地通过，这就是**能量转化**的意义，它涉及把上升的能量作为一种积极力量，允许它净化任何阻挡之物。

这就是利用内在能量的最高方式——用它来实现精神成长，用它来释放那些让你陷入困境的阻塞。正是这些阻塞造成了痛苦,它们只允许你以某种特定的方式生活,这会造成不适、焦虑和对生活的恐惧。这种不适驱使人们寻求各种各样的消遣,而这只会制造更多混乱,我们都了解这种骚动和暂时缓解的循环。现在你知道有一种更高级的生活方式,如果你愿意释放阻塞,随着时间的推移,能量会找到上升的途径。它会把念力推到一边,然后你就会发现甚至无法回想起以前的自己是什么样的,尤其是你过去是如何与身边的人打交道的。你会希望能回到过去,你会说:"很抱歉,我太迷茫了。"你会发现在过去自己的亲密关系的重点在于想找到一种让自己更加舒服的方式。一旦阻塞开始清除,能量就会找到进入内心的方式,那将会对你起到安慰和支持的作用。亲密关系自然会是关于爱和关心的——所有的关系都在于服务他人而不再是控制或得到自己所想要的,能量在你体内自由上升时情况就会变成这样。

如果你释放了阻塞,能量自然会上升。你不需要与之斗争——能量会自行上升。永远记住,能量是向上的,不需强迫。如果能量被允许自然向上就会对长期的灵性成长起到最好的作用。清除阻碍时,你会感到一股稳定向上的能量。最终,你会意识到沙克提希望表达一些美丽的东西,那会让你屏息静气。你将开始知道一种"超越一切理解"(腓四:7)的平静。你不需要任何东西。你的自然状态如此美丽;你的内心完整。事情取决于你与这些能量合作的意愿。如果你愿意,沙克提就会越升越高,直到最后像快乐的喷泉一样从更高的能量中心流出。如此,你和世界的关系就会变得非常美好。你曾试图从外面得到的东西现在自然会在内心发生,你会充满爱与狂喜。基督再次这样描述:"人活着,不是单靠食物,乃是靠神口中所出的一切话。"(太四:4)一股源源不断的能量将会从内在供养你。

内在能量流的转化回应了世界上所有苦难。如果人们感到内心完整,被源源不断的爱和深深的平和滋养,他们就不会互相争斗。如果内心满足,怎么会杀害、抢劫或伤害别人呢?是内心的挣扎使得人们进行外部的挣扎,这也是我们需要这么多规则和法律的唯一原因。孤立无援的人会在内心烦恼的挣扎中制造巨大的麻烦。在我们的内心有一种更高级的东西,那恰好是我们的自然状态。你是一个美好的人类,一个真正令人敬畏的存在,但如果感觉不好,那就无法展现这种美丽。无论你多么美丽,如果你试图挣扎,就无法完全展示这种美丽。要想一劳永逸地停止挣扎,就要努力摆脱阻塞。

一个灵性之人是这样看待生命的:"我在地球上待的时间很短,这就是我拥有的经历。这些经历很有挑战性,但我能应对,并因此变得更好。"你不会压抑自己的问题,也不会让它们成为生活的基础,过去的问题只是帮助你成长的许多事情中的一个,你不需要知道为什么会这样。你不需要从因果报应的角度去分析其中的关系。每天都有各种各样的事情发生,你并不明白它们发生的原因,却能自如地处理,你只要坚持去理解自己不能处理好的事件。理解变成了拐杖,一种合理化的源泉。如果大脑不能将事件放入自己的概念模型中,它就会执着于想要知道事情发生的原因。最好接受现实,然后以建设性的方式与之共事。

你就是自我。你是眼前一切事物的有意识的见证人。你就在内心深处，那里没有比你更强大的事物。你有自由意志，应该将它用于接受已经发生的事情，而不是让过往之事搅乱你接下来的生活。把自己从这些念力之中解放出来吧，将阻塞的能量流转化为一种强大的精神力量。

第 37 章
意愿之力

— * —

如果你有强烈意愿,就有能力在很深的层面放手,这不取决于能力而是取决于意愿的强烈程度。内心的工作与外在的工作不同,在外部世界里,你可能因为身体的限制而无法完成有些事,不管怎么努力,你都无法举起一座山,也无法以光速奔跑,人是有生理上的限制的。但内在世界就没有这样的限制,因为在那里不会涉及自我的身体条件。你就是纯意识,意志完全支配着思想和情感。

正如我们所看到的,你的大多数思想和情绪都由储存在内心的阻塞造成。这些阻塞属于你,何时释放也取决于你。同样,问题在于阻碍的储存都伴随着痛苦,所以其释放也将伴随痛苦。这时就需要你痛下决心了。你是更想自由地过一种深刻而美好的生活,还是更想避免不适呢?很多吸毒者经历了戒毒的痛苦后才重新过上了正常生活。一句古老的谚语可以总结这种状况:有志者事竟成。如果真的想,你就可以释放阻塞。为了一段最圆满的爱情关系、一种持续的幸福状态,你愿意经历什么?你会怎么回答?你会说"我太忙了,我不喜欢任何不适"吗？还是说，你会面对挑战，然后说"我愿经历任何事情、付出任何代价，以永远保持这种状态"吗？幸运的是，你有这种能力，能力不是问题，但你有强烈的意愿来进行这场抵达自由的心灵之旅吗？

意志和肌肉一样需要锻炼。练习这句话："在这里我是老大，这是我的房子，我是唯一住在这里的人，我有权把这里变成一个美好的地方。"这不是要成为控制狂，而是要学会臣服。臣服不是压制，也不是控制。臣服是放手弱点，坚定地去实现目标。臣服就是处理任何内心需要释放的东西，让它过去。记住，是你在故意抗拒过去的事情，这才导致念力被储存起来。为何不在阻塞清除之时有意放松和释放呢？这样你才能如上帝安排的那样体验美丽的内在能量流啊。

如果练习放手阻碍，你不仅会生活在得到提升的内在状态中，而且会成为有福之人。无论去哪里，无论做什么，你都会为别人带来福气。如果每天都坚持这样做，你就会成功。留一些时间来提醒自己你是谁，并回忆自己做了多少清理内心的事。早晚的练习会帮助你做到这一点。这并不需要太多时间，只需有足够时间来放松和释放，回到中心，记住利用生命中的每一刻来释放阻塞。只要这样做了，剩下的事就会自然发生，这是一个会自然发生的过程。

永远记住，精神应该将你从自我中解放。沙克提想要自由，但你妨碍了它。沙克提开始把阻塞物推起来时，你就会产生把它们推下去的倾向，因为身在火焰中是不舒服的。过去的干扰被你储存在那里，当它们被激发时，你感觉很不好。想象一下，有人在和你说话，当时你感觉强大而自信，突然间，他们说的话击中了你的阻塞，你开始感到力量从脚下掉落。如果你很真诚,就会利用这个状况来促进自己的成长。这不是与人争论的时候,而是一个精神成长的时机。你应平静而专注地扪心自问:"我的内心到底发生了什么?是什么阻碍被击中导致了能量的变化?"然后利用这种状况得到成长、放松,让能量把阻塞物推上去。你不需要做任何事,只要不干涉这个过程即可。沙克提会将阻碍物上推,而你要做的是放手。

要记得立刻就做这件事,养成每天早上回想自我意愿的习惯:"我今天的目的是释放阻塞,得到精神成长。"然后每天晚上也回想:"我今天的目的是释放阻塞,得到精神成长。"永远不要抱怨过去的事情——只在内心释放当天发生之事,这样它们就不会留下念力。不要让任何东西留在内心。一旦能做好这些,你就能在一天之中都做到这样。做好每一次互动,然后放手。永远记住事情的真相:你身在其中,一些正在发生的事情导致了能量在内心的转移。如果你不喜欢这种转移,就会将它推开;反之,则会紧抓不放。这就好像你的内心有一双手,你试图用它们来控制内心的体验。臣服的意思是——不要那样做,这就是臣服的全部含义。这意味着在能量转移之时你已准备好,愿意,并且能够坐在意识的位置上任它去。

你与能量的互动类似于你决定戒烟或改掉任何其他习惯时的状况。你会有恢复习惯的倾向,感觉就像磁铁在拉着你往那个方向去。阻塞被击中时,也会发生同样的事情。你得明白它有吸引你的力量。需要注意的是,它有一股持续的拉力,有时不会放过你,这不是坏事,而是好事。只是要更加放松,这一切都是为了放松。如果你在用意志放松,就不能用你内心的手把能量推开或紧抓不放。

总有一天,你会记起这次讨论,内心有什么东西会被唤醒,那时你就知道我们一直在说的是什么了。你会观察到这股拉着你的能量,然后你会试着放手。你会第一次意识到到底发生了什么——你是在与自己斗争,在两头拉扯。一部分的你想要放手,但一部分仍然想要屈服于能量的牵引。一旦你真的想要放弃旧的习惯性能量流,就会意识到自己的内心拥有你所需要的所有力量。只有你身在其中,你只需彻底放松,停止自我斗争。在那一刻会发生神奇的事情:所有把你向下向外拉的能量都改变了方向,开始把你向内向上提。这是能量的转化,这是真实的。当解放成为你生命的意义时,这个内在的过程将明显加快。一旦你了解自己的意图中心比任何由念力引起的习惯性能量流都要强大,你就会安静地坐在里面,坐在意识之座上并允许净化的过程发生。每一天、每一刻,你都有机会探索自身的伟大。

这样放手并非挣扎或控制,情况要微妙得多。也许下面这个类比会有所帮助。想象你正在参加一场拔河比赛,绳子的一端只有你一个人,另一端则是整个美国橄榄球联盟球队。你面对着巨大困难,把你拉向橄榄球队方向的力量非常强大。你已经学习了所有站稳脚跟的最新技术、如何最大限度利用自己的体重,以及专家教你的其他赢得拔河的知识。什么办法都用了,但都没有用。

突然,《星球大战》里的圣人尤达出现了(他以为每个人都叫卢克)。

尤达:卢克,你不知道该怎么做。放手,卢克,放手。

卢克:放手是什么意思?如果我放手,他们会把我头朝下从泥巴

活出不羁人生

里拉出去。

尤达：放手，你必须放手。

卢克：我不明白。这个巨大的力量拉着我的时候，我该如何放手？

尤达：手放松，卢克，放松双手。

卢克：不，不是手，而是脚、腿和身体的姿势。这样才能结束这场拉锯战。

尤达：卢克，如果你放松双手，一切就会结束。

事实证明，这是真的。如果在拔河比赛中放松双手，比赛就会立即结束。没有绳子，也不再有拉力，不管拉力多大，只要放松双手就可以回家吃午饭，这才是你一开始就真正想要的目的。谁说你得把整个橄榄球队都带回家？放轻松，放手吧，整个对抗就会结束，这才是臣服。你身在其中，能量也在把你向内拉，请不要反抗，放松内心的双手，然后放手。如果这听起来很有禅意，那很好，因为事实的确如此。你不需要坚强，你只需要聪明一点。如果你放松也放手，被阻挡的能量就无法把你带去任何地方。

随着时间的推移，你会发现自己心中有个地方就处于风暴的背面。你可以放松，然后回到那个地方。就在此处，你注意到了内心的骚动，这里安静而静止，没有任何风暴，这就是自我之座。**你找不到回归自我的道路——你只是不再离开。**如果在这方面努力，你就会到达一个内在的美丽状态，它一直在那里等待着你。它是一个避难所，你所要做的就是不断放手，这就是臣服的生活。

第37章　意愿之力

第38章
探索更高级的状态

— * —

一旦你不再被内心淹没，另一种生活就会成为可能。我们现在可以开始讨论你是谁以及身在其中的感受。阻塞释放之时，能量就不必绕着它们转了。你开始感到更加快乐、更加兴奋，就和你过去度过了非常美好的一天或有了特别棒的经历时的感觉一样。但这一次，没有什么特别的，你只感到一股令人振奋的能量在体内涌动，越来越高，你开始仅仅因为天空是蓝色的而感受到爱。过去，在一段感情中，总是需要一个特殊的时刻才会让你如此惊艳。你感受到所有正在发生之事，并且进入一个更丰富、更深的层面。这是因为你更加开放而乐于接纳，没有想要解决的需求和问题。因为内心不再骚动，你会感到更加完整，不需要任何外部的东西，你开始从完全不同的角度看待需求。

过去你总是把满足需求放在首位。现代的大多数需求都是心理上而非生理上的。心理需求实际上并非自然的，因为它们表明的是某些东西的缺失或错误，如果感觉自己的内心完整，就不会有心理需求。心理需求来自你的阻塞。能量释放时,你感到的是爱、喜悦和热情,这些都是振奋的能量的不同表现。从最纯粹的意义上说,这种向上流动的能量与情绪是完全不同的。一种情感从心中散发出来,把你拉进它的振动。热情发自内心,它是一种全系统的、自发的、向上的能量流。事实上,这就是自由的沙克提。

一旦能量被释放出来,你就不需要从别人那里获取能量。你的能量如此之多,这简直不可思议。你一定有过这样的经历:如果发生了你真正喜欢的事情,你的内在能量就会突然爆发。这会花多长时间呢?十亿分之一秒。想象一下,你感到沮丧,过得不好。突然,有什么事情发生了,也许你接到一个电话,开始谈笑风生——这让你精力充沛。能量一直都在那里,但因为这通电话符合你的某种喜好,于是你开始敞开心扉。阻塞物暂时消失了,所有的能量都涌了上来。事实是,如果没有这种阻碍,你就不需要这个电话来打开你的心扉。这就是为什么你要专注于释放阻塞这种内在工作。

随着阻塞物的释放,能量将带你进入越来越高的状态。你已经知道更好的状态是什么了,那关乎爱。在那种状态中,你对自己的工作和手中的任何事情都充满热情。更高的能量是美丽的,它们比低能量的表达要美丽得多。当你敞开心扉,生活就不再是寻求非消极状态,它变成了允许不断提升的积极状态。成长曾意味着不再感到愤怒或焦虑。如今,醒来的时候,你会感到铺天盖地的爱,以至于难以下床,然后上班的热情变得非常强烈,它把你从床上拉起来,推动你度过这一天,这就是能量流动时的感觉。

大多数人都不相信生活可以是这样的。他们觉得自己必须找到完美的工作才能有工作的热情。应该如何定义"完美的工作"呢？你认为完美的工作应该能将你打开，换句话说，就是这个工作刚好与你的阻塞匹配，这样能量就能流动。问题是，如果同样的工作以错误的方式击中了你的阻塞，你就会封闭起来，你还是在让念力主宰生活。问题不在于找到合适的工作，而在于释放阻塞，这样你就可以对工作充满热情。

不管你爬到多高，都总能爬得更高。不要相信那些人，他们总是说懂得悲伤的人才能享受快乐，但事实并非如此，只有在你处于封闭状态时生活才是这样。一旦心门打开，你就会注意到能量总是美丽的。它是一种不断涌现的令人振奋的快乐，它会提升你的心灵、思想和内在的一切。你会比以前更有意识，对自己要做的每件事都有着孩童般的热情。

你可能会想，如果已经感到很满足，怎么还会有动力去做别的事情呢？如果心中已经充满了爱和幸福，为什么还要去找工作，或者追求亲密关系？答案很简单：爱需要表达，热情想要创造。一旦能量不再受阻，而在自由流动，个人需求就不再是动力。行为是对生命的爱与感激的表达，整个生活都成为一种服务。

甚至你的亲密关系也变成了为他人服务的行为。你不需要从一段关系中得到任何东西，但爱喜欢表达自己。如果内心充满了巨大的爱，人们就会被你吸引。你不必担心如何吸引别人或让他们对你感兴趣，人们被光线所吸引，这是很自然的。如果有一个特别的人，你就会让他在爱中日夜沐浴，不求任何回报。爱是一份非常独特的礼物——对于施与者和接受者来说都同样美丽。

只要内心平静，生活就很简单。你做一件事不是因为它能结出果实，每一刻本身都是完整的。在你抵达之处，内心的精神之流已成为最神圣的存在。可能存在一些不安的时刻，但你不必做出任何行动，这种时刻来了又去，只要你不允许，它们就不会影响你的能量流。你会意识到自己体内的能量知道它在做什么，它不仅美丽，而且聪明。如果你任其发展，那么一切都会好起来。升起的能量会为你完成所有的内在工作，你唯一要做的就是不干涉、去臣服。

让我们更加深入地探讨接下来会发生什么。流动在体内的能量如此美丽，意识自然地被它吸引。你正在经历的一切都是你曾希望从外部感受到却只能品尝片刻的。你彻底爱上了精神能量流，一旦得到内在能量流的滋养，外在生活就会变得很好。在清除阻塞之前，你需要世界以某种特定的方式来让你感觉良好，这就构成了一种日常的对生活的挣扎。当你足够放手来清除内在能量流时，挣扎就会停止。通过直接经验，你意识到自己想要的一切都在内心流动，挣扎即将结束。

被内在能量无条件流动吸引是一个神奇的爱的事件。在你内心流动的是灵性，你自然地全心全意地爱着它。你喜欢兴奋状态，灵性就是终极的兴奋，比任何毒品都要厉害，比你曾有过的任何一段感情都更让人兴奋，它带来的爱与欢乐永远不会停止，除非你刻意使其结束。这条河流将流淌在你生命中的每一刻，除非你筑起堤坝。但现在你更明白了，一旦能量开始自发流动，你就碰不到它了。你只需尊敬它、尊重它、欣赏它，你的内心会说："谢谢你"，然后继续放手。这是你唯一的祈祷——**谢谢，非常感谢**。

第38章 探索更高级的状态

现在这股能量在你体内流动，它会清除其余的阻塞，但这不会立即发生，你必须愿意让事情自然地发生。如果你允许，沙克提会把念力推出去。你的整个生活充满灵性——亦关于灵性。你在美丽的能量流中休息，它给你力量去放下那些需要净化的东西。随着时间的推移，你学会了享受这段旅程中的每一刻。它是在解放你。

　　当你进入向上的能量流，就成了一种真正的满足状态。知足并不意味着懒惰，它意味着内心无扰。你的内心如此美丽，有生以来第一次感受到了完全的平静，你没有寻找任何事物，放眼世界，你看到的是那里的存在之物，而非自我的偏好。外界的经历不会刺激你内心的任何偏好，它只是在一种狂喜的幸福状态中进入、经过，然后离开，就像它发现你时那样。

第 39 章
身处俗世，活出不羁

— * —

一旦达到一种深层次的内心的清晰，你就会注意到对现实满意并不意味着你与之没有互动。世界继续出现在你面前，但不再带有个人色彩，它只是那一刻在你面前经过的一部分造物。现实不会让你心烦，因为你不需要从中得到任何东西。它和你都只是简单的存在——完全和谐的存在。展现在你面前的每一刻都在为你服务，你可以只是欣赏，事情就这么简单，或者你可以提升眼前的能量。一个微笑、一句善意的话语、一只援助之手，这些都是能量消逝之时使其提升的方式。尽最大努力做好工作，照顾好家庭，服务社区——和其他事情一样，这些简单的行为也都是对宇宙的服务。

想象你正在散步，路边有一张纸，你感觉不太和谐，于是把它捡了起来。这事不关乎"必须"或"应该"，你只是一个让世界变得更美好的艺术家。你的大脑不会这样想："我会捡起这张废纸，但不是每张垃圾我都要捡。"你的大脑也不会想："哪个白痴把纸扔在了这里？这就是那种毁灭世界的人。"不，你只是一个与生活和谐相处的自然存在。你不期望从行为中得到任何回报,因为你并不是为了获得认可才做这些事的,你是在情不自禁地与眼前的时刻分享内心的美好能量。**你能过的最好的生活就是过去的每一刻都因自身的存在而美好**,全心全意服务于当下,可以想象如果每个人都能做到这一点世界会有多美好!

首先,改善眼前之事。如果连服务眼前之事都做不到又如何改变世界呢？如果因为太过担心世间的状况而与周围的人关系紧张,你就无法为任何人提供帮助。如果你在自己家中都无法创造和谐的话,又有什么权利抱怨那些国家互相发射导弹呢？你和每一个人都应该这样生活,这样世界就能和平了。如果你做不到,那你不但解决不了问题反而成了问题的一部分。这都在于放手自我,世界将会进入你,击中你剩下的念力,这时你会感觉到一种反击的能量,不要顺势而行,那样的后果是内心的阻塞使环境变糟,这没什么好处。

灵性的生活不在于遵守既定规则,而是永远不要根据自己的个人能量行事。一开始你做不到,所以要努力。能量受到干扰时,就放手吧。你的第一反应通常就是想到那些个人问题,但只有放手,你才能以一种更有建设性的方式与眼前的时刻互动。问问自己:"我能做些什么来为眼前的这一刻服务吗？这不是为了我自己,我已放手自我。既然我清醒且无对抗情绪,那我能做点什么来提升眼前的时刻吗？"

一旦你学会放下个人思想和情绪的反动干扰,事情就会变得清晰,你会知道如何应对眼前的状况。如果你保持清醒、专注,就会知道该怎么做。面前的时刻在与你对话,但不一定是用语言表达。无论面对的是地上的那张废纸还是需要帮助的人,不管是什么,你的反应都变得很明显。最深刻的事实是,你做什么并不重要,重要的是你来自哪里以及你的动机。如果动机是放手自我为眼前的时刻服务,你就值得尊敬。你愿意遇到这样的人吗?他们生活的全部动机和目的都是首先放手个人的阻塞,然后尽最大努力服务于眼前的一切。他们不可能做错,因为其动机是纯洁的。如果动机本身纯粹而客观,最终它就会传播光明。

确定动机的纯粹性,然后就不要回头。如果有人批评你的行为,那就道歉并放手。要永远乐于学习。如果你来自自己所能到达的最高之处,那就没有罪恶感和羞耻感。你竭尽全力所能获得的成果是神圣的,如果从中滋生了什么糟糕的东西那就承认。它属于你,让它来教导你,让它使你变得更好,这样你下次就能做得更好。不要为坏事难过,求你了。不要做任何评判,只有当你没有尽力,感觉到困扰并向困扰屈服的时候才会形成业力,那个时候事情才真的变得复杂了。

练习放手,最终你会发现自己位于意识之座,在那里你不会为正在经历的任何事情烦恼。总会有一种美丽的能量在滋养你、提升你。这里已不存在任何技巧和教导了,一切都就此自然展开。你会直觉地明白这种美丽的能量流一定来自某处。尤迦南达在《来自永恒的低语》(1949,156)中写道:"啊,我变成了什么?陶醉复陶醉!无尽的、难以形容的神圣陶醉不断涌向我!"这种能量从何而来?你感觉它似水流,就如一股股的水在体内向上流动。这并非理论,而是现实。你会不断体验到沙克提,感受到灵魂在体内流动。它一定来自某处,一定有个源头。现在你已准备好回家之旅的下一阶段了——开始寻找源头。

你很快就会意识到头脑在这段旅程中并无用处。任何对思想的关注都会使意识远离自我、减少能量流。这段旅程与分析或哲学无关,只有一样东西可以寻找能量流的源头:那就是你的意识,是意识在体验着这一切。要寻找淡水之泉的源头,你就得游向水流,感受它,进入它,寻找沙克提流的源头时也是这样的。意识感受到流动,并融入其中,这将成为你整个的精神实践。这就是臣服,真正的臣服。

目前为止,你一直在练习放手较低级的那部分自我。现在你已经学会了感受内心这种更高的能量流并向它臣服。在最终的臣服之前仍有一种主体——客体的体验:意识(主体)正在经历沙克提流(客体)。如果想真正了解这股流动,你就必须融入其中,与之融为一体。

为了融入心流,必须放弃所有的分离感。仅仅体验能量是不够的,你必须将自我释放其间。放手之时,心流会将你拉入,那就是大师们的抵达之境。在梵语中,瑜伽这个词的意思是"结合"。梅赫尔·巴巴说,他第一次进入最高的觉悟状态时,就像一滴水落入了海洋。如果你想要试着找到那个落入点,会发现自己做不到,因为它融进了海洋。这些教导都是一个道理。当你不再把自我意识从这股能量流中分离时,它就开始把你拉入其中合二为一,尤迦南达称之为在你体内流淌的快乐之河。你要做的就是找到这条河,走进去,让它淹没自己。现在我们讨论的是最高境界,每个人都有能力达到这个境界。

记住我们是如何走到这一步的。我们通过向心流释放阻碍才得以抵达此处。更高的状态是完全自然的，你不应该去追求它们。不要因为被阻碍就想要去体验不被阻碍的感觉。清除阻塞，然后更深层次的冥想就自然会到来。你可以只是在专心看电视，然后就进入了一种状态，而这种状态是几个小时的冥想也难以抵达的。你会成为沙克提的存在，它会一次又一次地带你进入狂喜。

沙克提流就是最美的存在，它令人满足，你将永不阻止它。如果发生了什么事，你想要保护自己，不要碰沙克提流。首先放下你想要封闭的那部分，然后处理外部的事情。利用每一件事来放下挡在你和神迹之间的东西。

从一天之中的易摘之果开始，逐步放下自己的过去，这是开始有意义的转变的完美方式。一旦学会如何放下自我产生的干扰，一些更大的事情就将不可避免地发生。因为你已经为自己做了很多努力，所以在更有挑战性的时候，你会很自然地放手。不要等到可怕的炸弹在生命中爆炸了才想到要做点什么不同的事。你需要在日常生活中释放自我，这样才能处理生活带来的问题。

和生活中大多数事情一样，达到这些更深层次的精神状态需要花费一些时间。只要做到了内心该做的事，能量就会开始流动。一旦内心的闸门打开，你就会获得提升所需的所有帮助。在这条路上你并不孤单——所有前人都在帮助你。继续放手吧，不管发生什么，坚持放手。这些状态不会一下就出现，然后一直保持下去，你会时不时感到紧张，因为有什么东西被打开了。如果它关闭了也没关系，不要担心。你还有工作要做，要勤奋，但也要有耐心。最终，向上的心流将永远跟随你。你会了解自己的灵魂和精神。当你能够放松并进入更深层次的状态时，你将最终觉醒并抵达完全的自我实现，这才是真正的开悟。开悟不是一种精神体验，而是一种永久的精神状态。

无论你已抵达了什么深入之处，请不要声称自己开悟了。把这个词留给大师们吧。要知足，不要有精神上的自大。灵性不是挂一块牌子，上面写着："我是一个有灵性的人。"对这些行为放手也很重要，这事关永恒地放手自我。如果不停止这些做法，能量就会占据上风。在过去看到自我表达的地方，现在你只会看到沙克提的流动。臣服于这种流动吧，把生命献给它，融入它，它会带你走完剩下的路。这就是最后的臣服。

很荣幸能与你们分享这些认识。请不要只是读完这本书然后又回到过去的生活方式。行动起来，这不是要你放弃生命，而是要以最深刻的方式体验生命。如果每日在任何状况下都能做到放手自我，那你必将找到比自己更伟大的存在。如此，便是事物运行的方式："神"在你不在之处，你不在"神"所在之处。

现在明白为什么基督说天堂在你心中了吧？它是你存在的本质。你已抵达不可思议的高度，并且完全有能力这样行动。只要不断放手，你的内心状态就会越来越好。你对这些教诲感兴趣这一事实本身就意味着你已改变了这个世界。致力于解放自我的人应该得到极大尊重。

满怀巨大的爱与敬意
迈克·A. 辛格

致谢

— ✳ —

生活是伟大的老师。如果你心态开放,就能从每一种情况当中学到与自身和眼前的时刻有关的知识。首先我必须承认生活之流教会了我很多,并促成了本书的写作。我也要感谢所有在我之前走过这条路的智者,他们成功地引导了我的内心探索。

怀着深深的谦卑和感激,我认识到我的朋友兼产品经理卡伦·恩特纳(Karen Entner)为这本书做出了巨大贡献。她孜孜不倦、无私奉献,为这部作品注入了一种罕见的责任感和完美感。

借此机会我也想感谢我的出版商新先驱出版社和真听出版社(New Harbinger Publications and Sounds True),感谢它们为本书的出版所付出的努力。在这本特别的著作的开发、营销和发行过程中,两个出版社齐心协力把它们伟大的才华融合成了一股团结的力量。

感谢所有阅读本书草稿的朋友们。詹姆斯·奥迪亚(James O'Dea)、鲍勃·梅里尔(Bob Merrill)以及斯蒂芬妮·戴维斯(Stephanie Davis)在我刚开始写作本书之时就提出了一些非常具体的建议,我想要特别感谢他们。

最后,我想要感谢读者们,是你们想要加强与自我和世界的关系。你们这种重新审视外部世界和内在世界的意愿能够改变世界。

附

录

———————————————

*

做什么才能获得完全的幸福?

——一诺[①]对话辛格

— * —

2022年8月初,一诺开启了一段"奇幻之旅":去佛罗里达的宇宙神庙见《臣服实验》和《不羁的灵魂》的作者迈克·辛格。在倒了两班飞机,又开车一个半小时后,她终于来到这个位于佛罗里达的静修社区,来到了《臣服实验》中讲述的建于1971年的神圣小屋前:"在50年以后,它还完好地矗立在林子里,还有人居住。2022年,我到了,从书里,走到这座房子面前,照了一张相";走到了建于1975年的宇宙神庙前,这座有着动感蝴蝶屋顶的建筑,"近四年来,直到今天,每天都有各地的人来这里,参加一早一晚的冥想和分享活动"。她与辛格在"医疗经理"的第一个办公室里——一栋其貌不扬的房子,一个充满了故事的地方——展开了此次奇妙的对话。

[①] 李一诺,盖茨基金会原中国区首席代表,2016年世界经济论坛"全球青年领袖",前麦肯锡全球董事合伙人。"奴隶社会"公众号和一土教育的共同创始人,有马甲线的三娃妈妈。

一诺：迈克，终于见到你了，真是太棒了，非常感谢你提供这个机会。可以向观众打个招呼让他们听听你的声音吗？

辛格：很荣幸能和大家见面，非常期待与一诺交谈，并与大家分享我的经历。

一诺：太好了！对我来说这确实是奇迹般的体验，可以说是非常神奇。我是通过《臣服实验》才知道了你的名字，那是我读的你的第一本书。在书上第 44 页有一张图片，上面是你建造的第一间小屋。昨天我就在那附近散步，感觉太神奇了。因为我知道小屋已经存在了 45 还是 50 年了。

辛格：50 年。

一诺：那就是 1971 年，没错，就是那个时候建好的。但亲眼见到它仍然让我有一种超现实的感觉。我想那是因为我第一次读到那本书时根本没有想过会有机会与你当面交谈，并听你分享这些年的经历。让我以书上的一段话来开始，因为这段话深深触动了我。你在建造这个小屋时说："我们像年轻的嬉皮士以及疯子一样把理智抛到一边，直接开始动手。那是一段神奇的经历。我只有一点点预算，为了最大限度地控制经费，大家达成了一致：我们采用粗锯木材而非那种木料场的现成木材。"你也谈到那对夫妇"就如命运安排好了似的，从我的土地往下沿高速公路走几英里，就有一个名叫格里菲斯木材与木材加工厂的地方。詹姆士·格里菲斯和他妻子是真正的南方乡下人，和我们三人这样的长发青年很不一样"。然后你谈到他们开始接纳你并邀请你共进晚餐。我记得你说那是大约六个月以来你第一次在室内吃饭。当你说道"像年轻的嬉皮士以及疯子一样把理智抛到一边"的时候,我非常感动,请你多谈一点什么叫作"把理智抛到一边",因为那时你应该是一位相当理智的经济学学生。

辛格:那时我在大学攻读经济学博士学位,对冥想有了深刻的体会。我几乎是在第一次冥想的时候就被唤醒了。冥想唤醒了我,让我意识到大脑不仅仅关乎智力。我所能理解的是,内心深处有某种东西深深触动了我。事实上,它从未停止,它指引了我的一生。只需要一分钟去触摸比以往经历更高级的东西,然后你就会意识到:哦!事情比我想象的要复杂。所以最后的情况是,我想花点时间冥想,独自探索这个问题。我们本来是想去建造一个小屋,结果它最终变成了一座漂亮的房子。我们本来是想建这个小屋,这就是我必须做的,不是吗?我的朋友获得了建筑学硕士学位,他决定建造一间小屋,用轻木结构,屋子正面是坚固的玻璃。我的天啊,小屋成了宫殿!我们都没造过什么东西,所以"像年轻的嬉皮士以及疯子一样把理智抛到一边"就是指如果你想做成点什么就要直面困难,不能混时间。我想一个人待在那房子里冥想,这就是我想要做的事,与理性毫无关系。我从未听说人们能做或不能做什么与逻辑有何关联。我们应该怎么做呢?要把自己投入进去,想办法解决问题,因为你想达到目的。我就是孤注一掷,因此别的顾虑啦这个那个都消失了。就像你对于一个人爱而不能,他走了但你又想见他,那就需要克服一切障碍和困难才能见到。这就是我独自一人探索我所触及之事的感觉。

一诺:但对大多数人来说这是一种干扰,因为这是一个大项目,花的时间比你想象的要长得多。你对脑海中的声音进行了深入探索,造木屋的时候、建造这里的其他房子的时候都是,我无法想象 50

多年来你做了多少事。我敢肯定大多数事情都不是提前计划好的，你可曾觉得那个脑海中的声音是一种干扰呢？有没有想过"这个项目简直超出预想"呢？

辛格：我别无选择。终其一生我意识到的就是不与世争，否则解决不了问题。如果我与宇宙对抗就会造成很多混乱，事情也完成不了，因为我花了太多时间在对抗上。所以如果你目标很明确，清楚自己想去哪里，那你就会克服阻碍，在我几个朋友身上就发生了这样的事。我独自一人是建不起小屋的，但是有两个朋友愿意帮忙。我们本来是想着搭帐篷的，但是我的朋友博比有建筑专业的硕士学位，他非常积极，他后来成了很有名的建筑师。博比很能干，他做了设计，然后我们把房子建了起来，就我们三个人，花了三个月时间。

一诺：是的，而且你们没有任何建筑经验，简直太棒了。

我之前也讲过，书上这部分内容如此打动我的原因在于我那时正在创办学校，我的感受和你完全一样。但那时我脑海中有太多的声音，人们会说"对于办学你有多少了解？""你有教育学学位吗？""你以前运营过学校吗？""以前当过老师吗？"我的答案都是没有，我完全没有相关的经验，这也正是为何我在创建学校时，脑子里总有一个声音："天呐，我是疯了吧？我做得不对。我会失败得一塌糊涂，人们会看我的笑话。"这就是为什么这本书让我倍感鼓舞。我会想，哇，他们建成了小木屋，而且50年后它仍屹立不倒。

你在三本书[①]里都提到了这些声音，它们与我们的偏好、喜欢的

---

① 即《不羁的灵魂》《臣服实验》和《活出不羁人生》。

东西,以及我们大脑的运作方式有关。我觉得这很常见,你脑中有那些声音吗?你是如何处理这些声音的呢?

辛格:我在《臣服实验》里解释过,我是这样开始静修之旅的:好像是1969年还是1970年,我和朋友正聊着天,突然我们都安静了下来,这种安静即使发生在朋友之间也让我们都觉得不太舒服。你知道的,正聊着天,突然觉得没话说了,于是你思考还能说点什么好让谈话继续下去,这样大家也自在一点。这其实是一种掌控,你在一定程度上掌控着局面,清楚对方在与你互动。当时,我注意到自己的大脑很焦虑,即使是和朋友在一起,它也觉得焦虑,沉默之中有种不适感。然后,我注意到我自己正在思考要说什么。

虽然是52年前的事了,但是我记得当时的每个瞬间。(大脑中的)那个我坐在那里说:"外面有点热,是吧?""你想吃点什么吗?我们吃个比萨吧。"我注意到那些话不断出现在脑海里。那都是些蠢话,我脑袋里不是第一次出现这样的话,我也不太赞同它们,然后我突然想到,那个意识到脑海中话语的存在的人到底是谁呢?这个问题似乎简单又愚蠢,却指引了我之后的人生。那一刻将我唤醒,使我意识到:等等,脑袋里总是有个声音。在我思考是否吃饭或别的什么的时候,这个声音总是在说话。它忙着评判、思考:喜欢什么、不喜欢什么、接下来要做什么。但是,我并非那个声音。我在观察那个声音,也即是清醒地见证意识。但我对此一窍不通,我不认识静修的人,也没冥想过。事情就这样发生了,我观察着这声音,然后开始感觉自己不想这样,我第一次感觉自己离那个声音很远。因此,当我最终开口时我说的不是"你想去哪?""你想干吗?""天气好热哦,是吧?"

做什么才能获得完全的幸福?

"还记得尼克松那天干了什么吗?"诸如此类的话,我说的是"我脑袋里有个声音一直在说话,你有吗?"当时我妻子的哥哥和我在一起,他是一名芝加哥的大律师,从来没有想过这类问题,于是他以一种奇怪的眼神看着我,就像这样。突然之间,砰的一下,他的眼睛亮了起来,美极了。他说:"我懂你的意思,我脑袋里的声音就没停过。"事情就是这样。在那之后的很多年里,脑海中的声音停止了,我不必再为此烦恼,但我关心的一切都和这声音有关。

你说有个声音对你说不能这样做,而我从那之后的想法就是"等一下!我不需要脑子里有这个东西,这太让人分心、太消极了,等等"。所以到我盖房子的时候,最开始我与那声音共存,然后就开始试着让它闭嘴。"闭嘴!闭嘴!我不想和你说话。"然后你会意识到是脑海中的那个声音在自己让自己闭嘴。

我花了很长时间才醒悟过来,意识到该如何处理这种情况。但在那个时候,如果它说"你不能建那座房子",我是不会听的。我会说:"闭嘴!"但这不是正确的方式,不要这样做,这不是处理脑海中那个声音的正确方式。既然我没听从那个声音,那它就不是问题。我只是顺其自然,全身心地投入,做为了达到目的需要做的事。没有抱怨或是别的,这就是答案。

一诺:《臣服实验》是你的第二本书,第一本书是2007年出版的《不羁的灵魂》。第一次读《不羁的灵魂》时,我记了一些笔记,就是关于前言第1页和第2页里的内容。你说:"心理学之父弗洛伊德将心灵分为三部分:本我、自我和超我。他认为本我是我们最原始的动物本性;超我是社会灌输给我们的判断系统……"你谈到了这一点,然后你说:"在这些相互冲突的力量中,我们应该忠于哪一个呢?"我认为你所说的声音就是我们自身不同的基本层次,之后我们会越来越深地进入真实的自我。

辛格:我不会说那是自身的一个层次,就像你也不会看着自己的车说:"那是我的一部分。"我不会那么做。我非我所见,我是那个观看之人,从我觉醒那刻起就是这个样子了。我明白弗洛伊德所说的本我是什么意思,身体有动力、冲动和问题等等,我曾经把本我定义为身体在意识中的代表。它会说话,"我想说、我饿了、我需要这个"。超我是社会在意识中的代表。"你本不应该那样做、你知道那是不对的、你有罪、你应该……"而自我是试图在头脑中带来平衡的一种自我概念,"好吧,我做不到、我不能……我应该这样做"。这就是我,它定义了我自己。

但就连心理学也称之为自我概念,概念不是真实之物。就像关于"苹果是什么味道的"概念,你可能会说:"我可不知道什么概念,我是在尝这个该死的东西。"或者"不,我没有概念""我觉得它尝起来像鸡肉"。你可以随便编造自己想要的任何概念。概念是不真实的,所以当心理学家说"自我是你的自我概念"时,那不过是你为了舒服在头脑中编造出来的,那张呈现给世界的脸不过是一张面具,当我觉醒时,我就注意到了这些。确实像弗洛伊德说的那样,但我不等同于这些,所以我也不会说那是自身的一部分,这个观看着这一切的人才是我。意识和身体都有其各自不同的方面,世界的方方面面都在我眼前展开,是我在观看一切并注意到这些事。

一诺:是的,我明白了,我认为这就是为什么它被称为自我、大写的自我、真正的自我。但我之所以谈论这个问题是因为人们有一些困惑，比如，我是谁。我认为你在你的第三本书《活出不羁人生》中对这个问题做出了一个非常有趣又简单的类比，也许不是类比吧，就是对自己的经历的一种很直白的描述。比如，照镜子的时候我看到自己，一个四十来岁的女人，我记得书里有一句很有意思的话："如果今天我的身体变成了男人，那我还是我吗？"或者身体发生变化、变老，诸如此类。又或者头发变了呢？从出生开始我们就是那个眼望这一切的人，你留意到了这点，但我觉得很多人的痛苦来自分不清眼前事物的不同层次，正如你所说，如果我有一辆车，那么车也是我的一部分吗？我拥有这座房子，房子是我的一部分吗？

辛格：房子是你的一部分吗？

一诺：对啊，我做这个工作，工作是我的一部分吗？我有关于过往经历的记忆，记忆是我的一部分吗？而我，我又是什么呢？正如你昨天所说，人们一直都在问这种问题，但我猜你会说我上面提到的都不是自我。

辛格：确实，自我是觉知到这一切的那个实体。

一诺：觉知到这一切的那个实体！确实啊。意识基本上也指的是这个，是吗？

辛格：存在的意识吗？

一诺：是的。

辛格：人是有意识的。就像我有时讲的关于车的故事。你去买车，你还没买下车的时候，别的人也坐在车里试车。你和经销商签了合同后就对别人吼："别坐我的车！"天哪，就像那样，车就变成了你自我概念的一部分,对吗?车之前是与你无关的,它怎么就变成你了呢?你签了约、交了钱?省省吧,你不过是在将自我意识投射到非自我之物上。又比方说,你有过一段经历,你说"我是做过这个或那个的人"。如果你没做那件事,你还会是你吗?你还会在那里吗?还会有觉知的意识吗?

你最终意识到自我是一种内在意识,它会觉知到自己的想法、情绪,以及面前展开的世界。我在意识中搭建了一个自我的概念就是为了建立稳定性,并且宣称"我就是这个或那个,我就是这个曾经结过婚但十年前已离婚的人"。我就是这样形成自我概念以便向别人展示自己的,但那并不是自我。我在头脑中建立了一个概念,以创造稳定,以表示"我是这样,我就是这样"。我是发生这件事的人,是结婚的人,但十年前我离婚了。所以我已经发展了自己的概念,这样我就能把它展示给别人。但那不是我。

一诺:不但是这样展示自己而且是在禁锢自己。

辛格:的确是。

一诺:因为这个概念一旦被打破,就会感觉"好吧,我的生活崩塌了"。

辛格:对。

一诺:然而事实并非如此,崩塌的只是那个概念,但这在普通人生活中相当常见。我很好奇的是你大概23岁、24岁时开悟了?

辛格:对,23岁。

一诺:是的,现在又过去了50多年。我想这是人们可能会有疑问的事情,因为你比许多读者要年长得多,人们最大的恐惧之一就是

做什么才能获得完全的幸福?

衰老和死亡，人们害怕 70 岁、80 岁时的生活。你从 23 岁就开始关注内心，你说自己再也没有回到过以前的状态，但是在那之后你的意识或觉醒有所进步吗？

辛格：绝对是有的。我们后面会谈到我与自身、与我的思想，以及与意识来源之间的关系的本质是什么。任何事物都有源头，我有意识，那它来自何处？意识从何而来？我自达尔文进化论了解了身体从何而来。我当然知道思想从何而来，我用了 50 年来观察。当你将世界的碎片黏合时，你会说："这就是我。"

一诺：你是说这是一种习得性经验？

辛格：是的，人们会获得一些学习经验，那也就构成了你的思想，对吧？

一诺：是的。

辛格：我观察了 50 多年呢。我观察的就是"我是谁？""什么是意识？""这个天性是什么？""它来自何处？""它是如何进入这里的？"毫无疑问，我已存在了一段时间了。我 10 岁的时候照镜子见到的是 10 岁时的身体，不是现在看到的这个 75 岁的身体，那个看到眼前这一切的就是我。我还有个很喜欢用的好例子：你睡觉时会做梦，早上醒来时你说："昨晚我做了个神奇的梦。"这些意识是怎么形成的呢？你怎么知道自己做了梦？你根本不在那里，你说自己做了梦，那是什么意思？你为什么说自己做了梦？你说："在梦里我结婚了，梦里我在飞，在梦里我死了。"然后你醒了，你说："我做了个梦。"因为那都是同一个你，是同一个意识在体验梦境和清醒时的想法。人们需要认识到这一点，我们的日常用语其实揭示了真相。人们会说"我脑袋出了点问题"。这里的"我"是一个所有格代词,意为你拥有某物。这真是太美了,不是吗？随着时间的推移,你会越来越将自己抽离出去。你仍然在这个世界上参与互动,比如我结婚了,我有孩子,有孩子或孙子,有10亿美元的生意,所有这些东西。但你是在一旁观看,只要你想,你能在任何时候抽离并且清楚自己一切正常。发生的一切,无论好与坏,都与你无关。我即意识,你知道自己此刻情绪正常。

我即他们所谓的意识之光。意识照耀在物体上,这就是这50多年来发生的事情。你会越来越深入地回到所谓的自我的种子中,回到存在的感觉中。当然,这一切都改变了,大脑为何如此嘈杂？为什么脑袋里这么多声音？50多年的观察让我学到了很多关于心灵的知识。因为喜欢之事发生时,内心会感觉很好；厌恶之事发生时,内心感觉很糟。当然,你更喜欢感觉好,而不是感觉糟,所以头脑所做的就是试图将经验、概念和观点组合在一起,以搞清楚世界需要为我做什么才能让我好起来,需要不为我做什么才能阻止我变得更糟。这就是你看到的大脑在做的事情:我需要做什么？我需要说什么？我需要穿什么？我怎么伤害到别人了？我该如何解决这个问题？问题总是关于如何让外部世界展现出一种令我舒适的形态,或者如何让它以一种令我内心舒服的方式运作,而且是让我越舒服越好。于是大脑就会一直喋喋不休,因为你让它如此。所以事情就变成了当你自然地往后退时,你会想要顺其自然,而非抗争。

你也注意到了,我为什么如此关注大脑呢？我是谁？然后你开始感受到内心的快乐。内心有一种非常自然的快乐,你会自然而然地感到快乐。你自然而然地感觉不错、非常好,然后你发现想法自己

做什么才能获得完全的幸福？

停止了,因为它不需要考虑如何才能感觉不错。你明白吗？比方说,你对别人说了些什么,他们理解错了,感觉受到了侮辱。你心里想:"我是故意侮辱他们吗？不,我爱他们。我喜欢他们。只是他们理解错了。"就是会发生这种事,所以你并不介意。你很平静,不会去打电话、解释,做这些糟心事。很多时候,你会发现他们根本不是像你以为的那样理解事情的,是你自己想多了。突然之间,一切都变得非常安静而简单。你还是做着你的事,照顾家庭,做着该做的一切,解决手头的事情,但你这样做是出于爱与和平,这种与生活的互动不是很美妙吗？我不需要生命是某种特定的样子,我可以顺其自然地享受它,与生命本来的样子互动。这就是随着时间的推移而发生的事情,这就叫作"成熟"。你在成熟,在进步,这是你与自己的关系。你能与自己好好相处吗？事实是有时心会受伤,有时大脑会被干扰,你要做到泰然自若地接受一切,而不是花费时间和精力去改变别人。

一诺:是的,这个过程是循序渐进的还是里程碑式的呢？

辛格:两者兼有。每个人的情况都不一样,这就是答案。我不想大家有模式化的想法,人们可能像我一样突然觉醒,也可能用了很多年才觉醒。事实是,你知道我所有的书中都会强调:我们在生活中都有过不舒服的经历,我们每个人的经历都有所不同,但我们都会感觉不舒服。我们该怎么处理昨晚讨论过的问题呢？内心不适时我们是怎么做的？我们将其推开以保护自己。"把它推开。不！不！不！不！坏东西！离我远点！"你克制、压抑、抗拒。结果内心的不适就被储存在了里面。这就是我在成长过程中得到的最大启示之一,那就是"哦,我的天哪！所有我拒绝的、抗拒的,都会在内心阻塞。它就像披头士的歌一样在宇宙中传播，就像那首《跨越宇宙》。发生的一切都在时间和空间中流逝，却在我心中阻塞，为什么？"因为我说："不，我不想这样。"所以我抗拒它，它就被储存在心中，所有储存在内心的东西都阻碍了你自然的能量流，还有气、太极和类似的东西。能量确实是存在的。内心有能量流，但它被阻塞时就无法流动了，所以如果你问："它是如何被阻塞的？"那是因为你挡住了它，你把能量流压在了这些东西下面。

这是需要我们去理解的最重要的事情。每个人都有美丽的能量流，每个人内心都有巨大的爱、快乐、幸福、涅槃和狂喜，这是人类的自然状态，但你用乌云挡住了太阳。太阳一直在照耀着，它已照耀了40多亿年，晚上也不休息，能量流也总是在发光，但你将其压制在下面，将其阻塞。所以现在你感觉不到能量流，而只能试图从外部获得能量来弥补，通过有人告诉你，"哦，你很漂亮""你很特别""我很爱你""你是我遇到过的最好的员工，我想给你加薪"等等来获取能量。你得到了一个大办公室，突然之间，这件事就会让你的内心变得开放，然后感受到一些能量。你所感受到的爱与一切都是能量在打开。但这种情况是有条件的，外部事物必须刚好和你储存在内心的阻塞匹配，这样你才会觉得更安全，这样你才会敞开心扉。因此什么是灵性？所谓灵性经历是指什么？其实灵性就是意识到"等一下！为什么我要阻碍自己的能量流动，然后让自己不得不乞求人们照我需要的那样做以便我能感知自己？"爱是内在的，快乐是内在的，你的一切感受都是内在的。为什么我需要某人、某事、老板或某些胜利来让我感知到内心的感受呢？你知道为什么了吗？因为你阻塞了这些感

做什么才能获得完全的幸福？

受,所以最终这就是你一生所追求的。你会说:"好吧,我不想那样,这说不通啊,这不符合成本效益的分析。"你说得很对。要是有人说了一些让我烦恼的话,那就心烦一阵然后把它忘了呗,不要往心里去。你就说:"好吧。好吧,这很不舒服,很不舒服。"懂吗?就这样面对它,然后放手。

你努力不再往内心存储更多的东西,当你放手新的事物,不再将其存储起来时,那些以往的阻塞就会自动释放。在商业中我们谈论"后进先出"的股票和"先进先出"的股票,你听说过"后进先出"或"先进先出"这些术语吗?"后进先出"就是你释放出心里现在的烦恼、那些在梦中出现的烦恼,旧的烦恼之所以在心中堆积就是因为你把它们压在了别的东西下面,所以当你在生命中放手的时候,它是突然发生还是慢慢发生,会花多长时间,这都取决于你。如果有人说了些什么,恰巧那就是你父亲曾经也说过的话,你一时间百感交集,这时你会将思绪阻塞,还是会说"好的,是时候放手了"?你释放的意愿决定了你的成长速度。

一诺:这对你来说是一种解放、一种赋能。你昨晚回答了这个问题,那位女士问:"我已将其储存了50多年,我是否还需要50多年的时间来释放和放手?"我认为你的回答很精彩,介意分享一下你的答案吗?你用了一个滴水的比喻。

辛格:谢谢提醒,我是谈过。比方说,你有一个滴管,不管出于什么原因,你每天不停地用它往碗里滴水,碗里的水渐渐溢满,年复一年你不断往里滴水,现在水相当多了,已经成了问题。清空那个碗需要多长时间?如果你愿意把碗口朝下,那就只需一秒,只要你愿意,立刻就能清空,关键是要你愿意。人们不相信这一点,他们不懂即使是非常难忘的经历也是可以这样处理的。我们都会经历不同的事,即使你决定不让事情影响自己的生活,事情一时半会儿也是不会解决的。但如果你改变对这件事的态度,而不是想"我是最倒霉的人、我会死……"这一切并没有发生,但你已经把自己定义为有过这种可怕经历的人,认为"我永远不会好起来"。不,不,我知道这很糟糕,这很糟糕,那些经历很糟糕。但更可怕的是,那些糟糕的经历已经结束,但你一生都在背负着它们。事情结束了就是结束了。你发誓:"我不想让这些东西阻碍我的快乐,阻碍我的爱。"你就这样背负着它们开始新的旅程,你没有将其剥离,糟糕的感觉不会顷刻消失,它会非常自然地不时袭来。别人说的话、某个人,都会激起你的回忆,你本来在想着什么,突然之间心情就变糟了。只需要停下来、放松,然后说:"这是我释放一小部分的机会。我愿意经历一些痛苦、一些烦恼,这样我就不用把它们带到我的生活中去。"现在你非常愿意这样做,这就是你的灵性成长。

一诺:是的,我认为这就是你称之为"不羁"的原因,因为那些阻碍就是羁绊。你在最新的书中进行了美妙的解读,我认为你所有的解读都很美妙,现在我来谈谈吧。很有意思的是,你也谈到了自己去找不同的大师、古鲁,但你在书中从不使用专用术语,这就使得里面的内容易于理解。你写的就是一些直观经验,用的是非常日常的类比,比如一碗水啦、羁绊啦,非常便于理解。你认为人们必须要有这些经历吗?一定要去印度吗?一定要去找导师吗?人们通常都有这些错误认识,你也有过。你现在回答说不,是因为你试过了。

辛格：我没去过印度。有一些开悟的人来过美国，他们会做一些宣讲，有时也会邀请我，但这都不是我自己去刻意寻求的。我非有意去做，事情是自然发生的，真的。如果事情发生了那就会导致觉醒或者带来一些东西。但我的经历是，譬如我的导师尤迦南达，我也从未见过他，在我不到5岁的时候他就去世了。我不会想要待在他生活过的某个地方。我只是知道光靠自己是没法开悟的，得要某些东西来帮助我，但我也不知道为什么有些东西能起作用。我这一生都在进行臣服实验，这对我的成长很有益处。所以我说并不是我主动去做了什么，而是顺应了一种更高级的力量，然后我为这股力量取了个名字。但我从未见过尤迦南达，也从来不是刻意行事，事情并非如此。所以你问，一个人需要做什么才能一直获得完全的快乐、感受完整的爱？想要把爱带到这个世界，他们需要释放那些储存在内心、阻碍能量的东西，而不是在内心存储更多。他们不需要在日常经历中投入太多，他们需要学会如何放下。一切都会发生，一切都会这样展开，无论你知道什么，无论你需要什么，一切都会展开。爱就在那里，但你必须愿意去净化，去释放你储存在内心的垃圾，然后你会发现自己很好，你充满了爱，人们会来找你帮助他们，但其实你自己什么都没做。

我的书就是这样自然而然写成的，当你不再困于自身时，事情就会自然呈现。困于自身不是指把生命献给自己，而是把生命献给自身最糟糕的那部分，那部分已经完全被阻塞。"我不好，我需要找人，我需要做点什么，我对我的工作和那些批评我的人不满意，我不想再待在这里了。"这是你生命中最低级的部分，你把精力都花在这些上面,那你当然感觉很不好。

我的一个重大发现,但其实也很明显,甚至有点傻,那就是如果你把所有困扰自己的事都存储在心里的话,那肯定会很烦。你就是这样做的。你把那些自己不喜欢的经历积压在心里,然后你想:我想知道自己为何不开心、为何感觉不到爱、为何在生活中得不到想要的。就是因为你把那些烦扰你的事都存在心里了啊,只要是这样,当你看向内心的时候就会感到烦扰。新书里有一句话我很喜欢,奥普拉也说那是她最喜欢的一句话,那就是:你身处的时刻并没有困扰你,而是你在因为身处的时刻感到困扰。你看到这句话就会意识到:"好吧,的确是这样。有人张嘴说点什么,然后就走了,他们挑剔我和我的工作,老板也跑来批评我的工作,然后他们都走了。"除非你自己不放过自己,否则这些事烦不到你。事情的确是发生了,但是是你自己在因为这些事心烦,你才是主宰这一切的人,你可以坐在那里,说:"好吧,可能我需要再看看我的工作,可能他今天过得很糟,或者是和他妻子吵架了。"只要事情是涉及内心的,你想怎么做都可以。你不能控制事情的发生却能够决定自己如何看待它。记住:你身处的时刻并没有困扰你,而是你在因为身处的时刻感到困扰。天气、高温、下雨,或别的都是一个道理,它们都只是外在事件。你会如何反应?知道自己拥有完全的掌控不是很美吗?一切都取决于你。

一诺:绝对是这样。这就是为什么我说你的书很有力量,因为一方面,你意识到了所有的问题,你创造了问题;另一方面,你是那个可以消除问题的人。你不需要依靠上帝降临到我的客厅来提供帮助。还有就是你怎么做、做多快,这都取决于你,别的事也都是这样,都取

做什么才能获得完全的幸福?

决于你。接下来让我们来谈谈成功。

我想人们可能不太了解，因为你是因这些书而为我的读者所知，但实际上你非常成功。你自己创建了一家公司，我们现在所在的这个房间就是你原来的办公室，开始只有三个人然后在1997年还是1998年，它变成了一个价值10亿美元的公司。

辛格：1997年公司上市了。

一诺：1997年上市，那个时候十几亿是相当大一笔钱了，你很成功，当然了，在那之后你的人生有起有落，这才使得你写了第一本书。你也讲过你的朋友们也都很成功，以世俗标准来看他们都有着非常成功的人生。我想这也是很多人现在的烦恼，那就是，不是成功而是如何对待成功。

你在第一本书(《不羁的灵魂》)里说过一句话，如果我没记错的话，你是这样说的："每个人都可以获得巨大的成就，是自身的恐惧阻碍了人们，这种恐惧就在内心。"我不记得这句话在哪一页了，我想成功也正在变成一种引发焦虑的东西，因为人们想到的不仅是快乐、成就，还有人有我无。能给那些渴望成功的人们一些建议吗？

辛格：嗯，我总是以自己最深刻的理解来回答问题，我不会敷衍，也不会坐在一边说"他们还没准备好面对答案"，或别的什么。我分享的所有内容都基于自身经历。首先，人们需要定义何为成功，我在新书《活出不羁人生》里讲到了这一点。有人会说："这个么，成功意味着我拥有了自己一直想要的房子，有一份工作，而且我还能实现自己遗愿清单上列出的所有愿望。亲密关系令我满足，我的伴侣是真的爱我，对我很好。我还有很多钱，什么也不用担心。"人们就是这样定义成功的,我在新书里说:"好吧,上帝保佑你,你可以拥有那些,但谁知道这个对你很好的爱人会不会一直这样呢?如果他开始利用你,对你说刻薄话,那你该怎么办呢?如果你拥有了那栋房子但是你又不喜欢它,不喜欢房子的颜色或别的什么,又或者你有不少钱,但不知道怎么花,周围的人都觊觎你的财富,那这些真的就是你想要的吗?"你会说"不是"。所以实际上你指的是想要拥有那些能让自己感觉很棒的东西。那才是你想要的,一种内在体验,一种随时感受到爱的内在体验。你想要的不是一个爱人,爱人的某些行为也有可能是你不喜欢的;你想要的也不是房子,可能别人觉得这房子很不错,但你并不怎么喜欢。换句话说,人们需要的是一种幸福的内在体验,因此其实这事很简单。你想要感觉良好,你想要感觉兴奋。你想在早上醒来时充满热情,不担心任何事情,你会说:"我迫不及待想要去上班了,想要出来照顾孩子们了,我迫不及待带儿子去踢足球了。"你迫不及待地想做这些事情,你很兴奋。这就是人们想要的,对吧?如何得到这种体验并不重要,你想要的是体验到爱、高级的美、灵感、内心的喜悦,那为何不去寻找这些呢?对于我来说,这就是成功。成功不是促成这些体验的事物,成功就是成功,这两者是有区别的。因此人们问我成功意味着什么,我的答案是它意味着你非常兴奋。一直都会有一种美妙的体验,你能够掌控。如果一个人成功,他就能掌控生活;如果无法掌控生活,那他就不怎么成功。但人们通常不是这样定义成功的。

一诺:对!这就是问题所在,因为我也在自己的社群里做愿望清单这种事。关于愿望清单的问题就是每个人列出来的都差不多,都是想要有钱,有财产、健康和爱。但问题是在人生的大多数时间里人们都没有完全实现清单上的愿望,我们感受到的仍是一种匮乏,比如"我不够好",比如"只有得到这个,我才会满足"。这就意味着在人生中的大多数时间,99.99%的时间里,人们都不满足,都过着痛苦的生活,因为他们的想法就是这样,他们觉得这样想是对的。我认为人生如此困难还有一个原因,就是人们会把自己的观点强加到他人身上。他们会说:"好吧,迈克·辛格很成功,所以他拥有一切,那如果他有,为什么我就不能有?"但他们看到的只是很多事情的结果或者其中的一些方面。他们只看了你的书,没有看到你的所有努力、失败,起起落落。他们有点像是把别人生活的片段拍下来拼接成一张照片,然后说:"看,有人成功了,这就是为什么如果我没有成功就是自己的问题。"人们经常都会这样想。但是我也经常听到人们说:"只要我有了这个,我就会快乐。"

辛格:我同意你所说的。他们说:"我不好因为我没有那个。"这和另外一种想法"我开始不太好,但我会变好的"非常不同。

在书中我举了一个例子:你吃了不好的食物很不舒服,胃很痛,于是开始找胃药。但是你找来找去没有找到,有人过来问:"你怎么了?有什么烦心事吗?"你说:"我找不到胃药。"但让你心烦的根本不是这个,胃痛才是你烦恼的原因,吃了不该吃的东西才造成了你的烦恼。所以不要以为你寻找的东西就能解决你的问题。

一诺:是自己造成了麻烦。

辛格:没找到原因,那并非真正烦扰你的原因。你必须找到根源,因此归根结底,成功是指你的内心感到完整,我称之为"自我闪耀"，这真是一个不错的词语。完整的内心中发生了闪耀，这就是完整，这才是成功。回看2008年或2009年华尔街崩盘的时候，在那些著名的照片中，有名的富人从华尔街的大楼往下跳。你最好看看那些照片，如果那就是成功，那我可不要。那并非成功，他们也不成功，他们无法面对问题，而成功是靠内心定义的。现在问题变成了：怎样才能成功？以我为例，我不把任何外在的事物看作成功。我总是聚焦在内心那些制造麻烦、阻塞我的声音上，自我的阻塞会阻碍我，因此成功就意味着放开这些羁绊，放手那些阻塞，这样你才能与世界互动，一切才会成功。当你清除了内心的阻碍后，人们当然会想要与你合作，你也会得到巨大的灵感。这些都会导致成功，所以你就成了一个成功的人。

如何在一段亲密关系中成功呢？人们会这样想："我需要找到一个能满足我的人，我在阻塞自己，我感觉自己不配得到爱，他出现了，并让我知道自己值得。我封闭内心，给自己造成麻烦，他出现了，并解决了问题。"不对，事情并非这样运作，事情不会照此发生。一段成功的关系需要你首先清洁内心，清除那些阻碍你感受爱、灵感，以及美的东西，然后再感受、分享。所以每个人都应该先清洁自己，然后再分享，而不是指望别人来帮助你感觉很棒，如果对方做不到就想要离婚。

一诺：你在新书《活出不羁人生》中用了一整个章节谈对于阻塞能量的处理，我很喜欢这部分，因为你提到了中年危机。你说："你花费半生建设自己的生活、紧抓它、为它奋斗，想要过上好日子，但并未做到。这时，中年危机也开始了。"你说："灵性的道路总是与放手自我有关,这就意味着要处理受阻的能量。"你还用了"转化"这个词语,然后谈到你如何利用这种方式抵达更高的能量状态。你也把去除阻塞看作不同的层次吗?一切都事关放手,放手然后去除阻塞。这意味着转化随时都在发生吗?我记得你举过一个例子,你说如果你对某人感到爱,那来自你的心脉轮,但实际上你并没有发挥出全部的潜力。

我们如何理解这个能量的概念呢?我们能触及不同层次的能量吗?我们是进入不同的大门,打开不同的大门,还是说它们都一样?如果把能量看作一个物理术语,那它是如何生效的?

辛格:通常这个东西没有那么麻烦。人就是能量的存在,我对每个人都是这样说的。人是能量的存在,能量是很自然的,就如树木的汁液一样向上流动。人的能量是一种自然的流动,是存在的一部分,所以我们把瑜伽的能量称为沙克提,或者气。从根本上说,能量有不同的方面,它总是向上的,它的自然状态就和心跳、呼吸一样,人们只需静待一旁。这也是为什么我们不必有任何行动,因为它就是一种自然的过程。《圣经》中《创世记》也是这样描述伊甸园中的人类的。他们什么都不用做,他们就在伊甸园中存在。人们处于极乐状态,完全敞开,美妙存在。(人们会问)这就是能量?为什么我没有体验到能量?因为他们对能量一无所知,这就是原因。为什么体验不到?因为能量被阻塞了,我们已经讨论过这个了。是怎么被阻塞的呢?人们要么拒斥那些无法面对的经历,将其压抑在心中,要么抗拒一些东西,使其堆积并阻塞能量。能量会尝试回来吗?这就是为什么那些事情会在梦中出现,进入脑海,它们在试图净化自己。能量在尝试,就如同心脏总是努力保持健康。人类拥有免疫系统,神奇的身体总是尽力维持健康。能量系统也总是试图向上流动,它想要喂饱你,这是一个完整的系统。这就是为什么它试图推开那些东西,这也是那些东西不断出现的原因。那么这对于转化意味着什么呢?能量提升不同的中心意味着什么呢?意味着清理阻塞。人们能做一些持续数年的高强度练习来迫使能量找到一个通道,以此获得什么吗?是的,可以那样做,但那不会长久。明白吗?因为能量仍然被挡住,阻塞仍然存在。又或者,你也可以尝试一种更自然的方式。正如我所说,如果清除了阻塞,能量就会溢满每个缝隙。它会像水一样上升,试图找到出口。当你每清除一个阻塞时,能量都会试图向前打开道路。所以清除的阻塞越多,越是放手,能量就会走得越高。但这带来的也并不总是好事,因为它会使得下一件烦扰你的事出现,所以你会以为这样做没用,但其实是有用的。如果你愿意这样做,能量就会自然通过不同的中心,每一个中心都像一个转换器,会使能量变得更强。人们根本不明白能量流有多强大。开始的时候很冷很黑,人们不愿意朝下走,但当你开始放手时,能量开始向上,因此这是可行的。这样很好,你会开始感受到更多的爱并且更加自然地产生爱的感觉,因为一些阻塞已经被清除了。但如果此时你说:"啊,我有了爱的感觉,我想要抓紧某人不放手,把他留在身边。"这样呢,也不是不行,你可以达到目的,但无法让能量继续上升并一直清除阻塞,就像我说过的那样,问题不在于你不能有亲密关系,问题在于你不应妄图紧抓他人以弥补自己的阻塞。你在亲密关系之中越来越善于放手自我,因此情况不错,能量持续上升,在这期间你发现能量上升的同时,你感觉更加兴奋、更加轻盈,由于内心能量的存在,你变得更加笃定,感受到一种力量使你能够抵达下一层次。在下一层次中，转化使你感受能量，无论别人沉默还是喧哗，能量都在持续流动，但这时你又被什么击中，开始关闭心房。你有点生气、嫉妒，或者缺乏安全感，但此时你足够清醒，可以觉察到这些感受并且说："我才不要把这些美好的能量变成糟糕的能量呢，我之所以有不好的感受是因为内心仍然存在阻塞。"你望着眼前的一切，开始放松，以便清除阻塞。有时你开始感到愤怒，开始想一些不愉快的事：他为什么那样做？他为什么不照顾他？他怎么不记得结婚纪念日？怎么可以！那都是些非常个人、非常糟糕的事。我父亲就忘记过结婚纪念日，母亲差点因此离婚：这种事我可不能忍！你开始想起类似的经历，你应该放松、觉察，就算不清除阻塞也不会陷入其中，你能够把事情捋清。有时，开始的时候你感到愤怒，当愤怒被释放之后，爱的能量就出现了，这就是我们所说的转化。阻塞被释放，能量就能在这个层次表现出来，这里涉及的能量都相同。顺便说一下，愤怒是一种能量，当它遇到障碍时，你会感到它要喷薄而出了；爱是一种能量，当你真的很爱一个人时就会心向往之，这是一样的，都是相同的能量，来自你的核心能量流。所以你释放的阻塞越多，能量就越高。最终，它变得非常强大，你能真实感受到《圣经》里说的"圣水奔涌"。你能感觉到这股能量涌上来，它一直上涌，直达眉心，人们称之为"第三只眼""第六脉轮"，它会自然地流到那里，日日夜夜，无论你是清醒还是沉睡，能量都会一直往上。你做了什么？什么都没做。

一诺：什么都没做。

辛格：流动是自然向上的，因此在这整个过程中你都不必担心能量,能量会照顾你,这就像通常你不需要去忧虑自己的免疫系统一样。

一诺:它会起作用。

辛格:会起作用,这很神奇,还不花钱。你的身体里总在进行一场战斗,利用白细胞或其他的什么,而你的能量比免疫系统还要聪明得多。这个核心能量是一切智慧、一切生命的源泉。如果你让开,它就会自动运作。这就是所谓的放手、臣服、释放、放松,能量自会这样做。我想这就是我给你的问题的答案。

一诺:绝对是,很美!下一个话题我想谈得更加深入,是关于连接内心体验和外在世界的。你刚刚谈论的是一种极乐的状态,即使只是听你描述我都已经很开心了。但也存在着一个错误的概念,人们说:"好,这都是你的经历,都发生在你的小房间和你走过的小树林里。如果我关心的是社会不公和外在世界发生的糟糕的事,那你说的那些还有用吗?"

辛格:没事,这个问题很美,非常深刻。首先,你的情况一团糟,你说自己很担心,但你担心是因为这些事让你感觉不好,让你觉得自己的力量被夺走了,让你觉得这是错的。你会想我母亲让我父亲那样对她,但如果是我,我永远不会容忍那样的事,我会坚持自己、证明自己。你这样想是因为心里有障碍,这让你感觉很糟糕。人们会因为那样的事去阻断交通以示抗议,换句话说就是我需要找到一种方式来释放内心被引发的糟糕能量。从某种意义上讲这些能量之所以存在就是因为外在世界发生的事情。你懂吗?这是一个深刻的概念但并非哲学。就是说现在这种能量总要以这种那种的方式释放,它之所以这样释放是因为人们说了什么或政府做了什么,然后你并不赞同，所以这些不好的东西都要把自己表达出来。我不把这叫作行动主义，这看起来像是行动主义但是实际是非常个人的事，人们只是要找个办法来释放不好的东西，行动主义不过是个名字。

如果专注自身会发生什么事呢？你会开始感受到爱、快乐、幸福、兴奋和清朗，然后又出现了一个问题：如果感受到了这些，那还有什么必要释放自己呢？原因在于爱会想要表达自己，灵感会想要创造，这是一个自然的过程，但你是由于能量流的存在而这样做，而非由于缺乏能量流。因此你将发现像马丁·路德·金或甘地这样的真正的活动家，他们并无仇恨，仇恨不是他们做事的动力。他们与内在的更高级的东西产生了连接，是那种更高级的东西在表达自己。因此真正的行动主义者叫作意识行动主义者，他是有意识的活动者，他有意识，他知道自己可以给外面很多事情出力，因此他是去提供帮助而非抱怨。他不是吼叫啦搞爆炸啦什么的，而是要说："我是不是有什么方法能够帮助这个孩子、这个学校、这个公司、这个政府？我是否可以用这美丽的能量，用我心中美好的爱、清澈、灵感去托举起什么？"下面这句话我说过很多次了，人们都很喜欢这句话：你所能过的最高尚的生活是，在你面前经过的每一刻都变得更加美好，它是因为你而变得更好。因为这一刻从你身边经过，而你提升了它，这就是行动主义。所以并不是说你不活跃，实际上你非常活跃，但你来自一个很高的地方，一个美丽之地、力量之地，不是来自充满抱怨和消极的地方，把黑暗掷往世界。

一诺：是的。我认为人们会被黑暗所触发，然后就像你说的，如果内心有很多不好的东西，你的本能就是用更黑暗的东西来对抗黑暗。所以如果你对我做了坏事，那我就会做更坏的事。但就如你说的那样，如果你带来光明，就会发现黑暗并非一个真实存在的东西，它就是缺乏光明，是光的缺席。所以你即使只有一根蜡烛，都不需要非常明亮，就只是烛光，那也可以驱散整个黑暗。

所以我想感谢你给了我如此美好的答案，因为我一直在被问到这种问题，比如"你为什么要冥想，为什么不到外面去游行？"但实际上一个人可以不参与游行就与世界产生更深的连接。你是这样觉得的吗？比如，现在我们所在的这个地方，这个地方感觉非常神圣：森林中有个寺庙，人们总是会来。你认为你现在的生活是如何与世界互动的呢？是应该在这个偏远的地方，还是应该走到外面去？抱歉我把这个问题说成了非此即彼的形式。你是如何融入自己的生活的呢？我知道你做了很多事，非常活跃，虽然身处偏僻小屋，但你仍然很活跃。

辛格：我发现如果我关注自身，不断放下那些导致内心不好的能量的东西，生命就会在我眼前展开，让我有事可做，也不一定都是重要的事情。我就像自己的上帝。有的人认为只有和总统一起做点什么才算是有用，但我是什么事都做，就做面前的事。我可能做了很多与电脑相关的事，别人的电脑坏了，我就会帮他修好或换一个，反正就去做面前的事，我就是这样的，我现在才注意到我的书已经卖了300万册，读者们都受到了触动。我会觉得是自己使得这一切发生了吗？当然不会，不是我想写这本书，也不是我决定经历这段教会我很多的人生之路。凯伦来找我，我刚好也有空，然后我们就一起做了这本书，然后又做了下一本、再下一本。然后奥普拉出现了，美丽的奥普拉，她很特别，她很喜欢这本书，成了我的公关，她到处宣传这本书。这些事找到了我，而我只是在为它们服务。所以你问我是如何为世界献一份力的，我也不知道，但不知怎的，这个世界就得到了我的帮助。

一诺：这就是意识通过你和你所做之事得以呈现。

辛格：早先的时候，很早以前了，有人曾对我说："我要感谢你，那些时候你帮了我太多。"那个时候，我都不知道要怎样去接受别人的感谢，于是我说："我没有帮忙啊，什么都没做。"那是在20世纪70年代，他坚持说："不是的。我去听你的课，你所讲的内容真的改变了我看待事物的方式，完全改变了我的生活。"我还是在那里说："我什么都没做，我甚至都不认识你。"于是他们最后会说："你行动了起来，于是事情才会发生。"我说："对，我明白这个，我行动了，这使得你身上的事得以发生。"你知道吗，这就是人们看待事物的方式。这与自我无关，不是我做了什么而是这就是我的经历。如果你放手自我，放下黑暗和那些使得事情变得有针对性的东西，更伟大的事就会发生。本质和道都是这样。你不是在与什么东西战斗，而是有一股在其中流动的力量，那力量并不属于你，你与之无关，但你可以观望并看到它带来的东西。

一诺：是的，我们可以往前看一点点。来说说孩子们吧。坦白说，我第一次读你的书时已经有3个小孩了，那时他们都还不到5岁。你谈了阻塞、谈了我们如何把事情做成，还有一代又一代的业力。我一直在想一个问题，你讲的这些内容如何帮助我们成为更好的父母呢？我想很多读你的书的父母都会说："如果我面前有个新生儿，他/她也必须经历这种建起层层阻塞的过程吗？他们也会在20岁、30岁，或

40岁时才意识到不对头,然后想要移除阻塞吗?如果家长或者教师、学校能够更有这方面的意识的话,能改变这个过程吗?"

辛格:答案是当然可以改变。作为父母,你照看的是一个孩子,一个崭新的灵魂。我听到过父母们说:"我为你付出了生命中最好的时光,看看你现在都在干什么!我本来是有事业的,却为你放弃了。"孩子就是听着这些长大的吗?那会对他们产生强烈的影响。父母们还会说:"你必须学足球,得做这个、做那个。你都把我逼疯了。"换句话说,你是在强行影响他们。怎么做才能让孩子们更加灵性而开放地成长呢?你自己就应该更加灵性和开放。作为父母,你的内心越洁净,你对孩子灌输的垃圾就越少,这不是读不读关于管教孩子的书的事情。应该要如何为人父母呢?你要放手自我,事情不再以你为中心,你必须无私,得真正地放手自我,得尽最大努力。孩子想换尿布,那你就去换,而不是抱怨说:"我讨厌这事,我为什么必须换?我从来不想做这种事。"这种能量就会传递给孩子,所以你越是放手自我,孩子就越是不会受到你的负面影响,这样他才会开放、自由、充满信任地成长。有一些父母就会说:"不对,父母要严格一点。孩子需要一个艰难的童年,这样他才能应对世界,世界很残酷,需要有毅力。"但事实是如果你满怀能量、爱、灵感,那你就能应对这个世界的人们,因为你就不会有太多阻塞。真的,确实有人曾对我说:"我不想要小孩,因为我知道我会搞砸。"这很糟糕。我的答案是让开去,不要让你自身去做父母,而是让上天来做,让一种更高级的力量流通并无私地服务,然后再看孩子会如何成长。这不意味着孩子会变成嬉皮士,为所欲为,四处疯跑。不是的,是有规则的,但之所以有这个规则不是因为你不想被他们烦到,而是因为孩子们不应该吵闹,而且孩子也应该对讲话的人表现出尊重。所以你教育他们的出发点不在于你自身,而在于你对他们的爱和尊重。但很多人并不是这样做的。

一诺:确实是这样。人们经常说到信任孩子,要看见孩子,但人们经常都会问我:"世界上竞争如此激烈,如果总是对孩子这么温柔,那他们怎么能勇敢起来呢?"我用过一个类比,和你说的很像,我会说:"假设世界充满了刺人的尖刀,你要如何帮孩子做好准备面对这样的人生呢?你可以在家里就用刀刺他们,让他们习惯受伤,也可以把他养得很健康,免疫系统强大,这样就能很快康复。你选哪种呢?"人们就会说:"为什么要在家里就用刀扎他们呢?"所以他们是听懂了我的意思。我觉得你说的很有力量,因为那是很微妙的。不在于让孩子做什么、给他们买了什么书或玩具,重要的是父母的状态。人们以为给孩子换尿布的时候他啥也不懂,但其实孩子们是知道的。

辛格:他们会感受到振动。

一诺:对,是一种振动,一种磁场。

辛格:事情都是这样的,这很美,事情都是一样的。放手自我,所谓的自我、偏好、欲望、需求、遗愿清单,这一切的一切都是内心阻塞的投射。没有这些又会怎样呢?你会满怀爱与光,不再有任何疑问。你会想要一个孩子,想把他养大,并享受这所有的时光。无论你是否在家里教育他都没有什么区别,因为你状态很好,而这才是他们成长的环境。我一直想要在充满爱、理解和开放的环境中成长。孩子们有了疑问来问你,你不会说:"天哪!我该做什么?这是什么?"你内心清澈,你能帮助他们,让他们自己找到解决办法。这整件事都很健康,因为你是一个健康的家长。所以家长不应该说:"养孩子太难了。"养孩子之所以难,是因为你自己没有成长起来,你没有放手内心的东西,所以还有很多需要学习的。

这事关你作为一个人的成长,作为光,作为能量,不断长大然后放手,进而传播光亮,把事情做好。因为我也有公司,所以有人邀请我说:"我还没有自己的公司,可以请你做一个关于成功管理企业的演讲吗?"我一般都会说:"不,我不想专门讲那些。"但事实是,如果要讲的话,我也会讲同样的内容。怎样才能成功地经营企业呢?放手自我,这样你的决定就不会建立在自己内心的垃圾、恐惧、过往经历等不好的东西上了。你会带来好的能量,然后不断将好的能量吸引过来。你周围的人们也会和好的能量共存,这样他们就会喜欢和你在一起。我的公司是个高科技公司,很少有人辞职,他们都很喜欢自己的工作。我并非给了最高的工资,也不是因为我们公司在森林里面。基本上说,人们只需创造好的环境,为公司、为孩子、为爱,为做的每件事。这样便能给你的周围带来爱与美、澄明与无私,真正的无私。这能改变一切。试想每个人都这样活着,世界上就不会有战争。不是说去阻止战争,而是战争压根就不存在。当然这得花上很长的时间,但是人们如果放手那些不好的东西,也就不会把那些糟糕的事物带到世上来。他们带来的将会是爱与光。

一诺:是的,非常美。非常感谢。

辛格:非常感谢能和你谈话。

(访谈英文原稿整理者　王利娟)

《纽约时报》畅销书榜冠军图书作者、奥普拉脱口秀节目受访者**迈克·A. 辛格**的真实人生故事

从隐居者到上市公司 CEO，他让生命之流来掌控一切